H. DE LA BLANCHÈRE

# LA PLANTE

## DANS LES APPARTEMENTS

91 FIGURES D'A. RIOCREUX

PARIS

LIBRAIRIE DE FIRMIN-DIDOT ET Cᶦᵉ

IMPRIMEURS DE L'INSTITUT, RUE JACOB, 56

1877

# LA PLANTE

## DANS LES APPARTEMENTS

Typographie Firmin-Didot. — Mesnil (Eure).

H. DE LA BLANCHÈRE

---

# LA PLANTE

## DANS LES APPARTEMENTS

91 FIGURES D'A. RIOCREUX

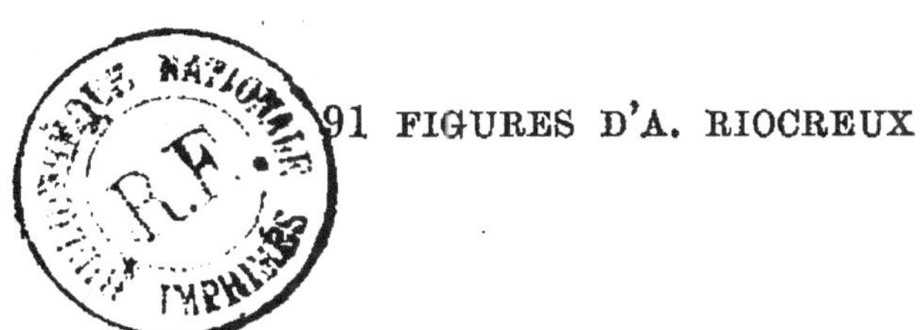

PARIS

LIBRAIRIE DE FIRMIN-DIDOT ET C$^{ie}$

IMPRIMEURS DE L'INSTITUT, RUE JACOB, 56

1877

# LA PLANTE

## DANS LES APPARTEMENTS

### CHAPITRE PREMIER.

#### GÉNÉRALITÉS.

### Histoire des plantes d'appartement.

Sans remonter au déluge, ne serait-il pas intéressant de jeter un rapide coup d'œil sur l'antiquité et de voir quels rapports les plantes y avaient avec l'homme..... Étaient-elles cultivées, choyées comme de nos jours dans des parterres splendides? Les confinait-on dans les maisons pour en jouir de plus près, jusqu'à ce que mort s'ensuive?....

Si nous commençons par les Grecs, nous voyons la religion s'emparer des plantes d'agrément et les donner tressées en couronnes dans les jeux publics. Il est curieux de voir chaque plante consacrée à une divinité servir aux fêtes, aux cérémonies du dieu auquel elle était dévouée. Le lys, par exemple, était la fleur de Junon, la rose celle de Vénus, le pavot celle de Cérès; l'asphodèle était consacrée aux Mânes, le laurier et la jacinthe à Apollon, l'olivier à Mercure, le lierre à Bacchus, le peuplier à Hercule, le cyprès à Pluton, le chêne à Jupiter, etc...

La culture des fleurs, même celle des jardins, était peu savante; à plus forte raison, celle des plantes dans les maisons était absolument inconnue. Pour trouver des jardins vraiment dignes de ce nom dans l'antiquité, il faut aller en Égypte, en Syrie, en Perse et en Asie mineure. Nous aurions beaucoup à dire cependant sur ces jardins qui semblent avoir été plutôt des retraites ombreuses et des allées diversement contournées que des endroits où l'on cultivait les fleurs.

Si maintenant nous tournons nos regards vers Rome, nous ne voyons, au commencement, que des jardins renfermant quelques plantes potagères dont le soin était confié à la mère de famille, à la matrone. Mais l'usage des couronnes se fit, chaque jour, plus impérieux et plus luxueux : on en vint, sous Héliogabale, à entasser les fleurs, les roses, autour de soi. Les jardins étaient toujours des parcs et non des parterres fleuris.

Passons maintenant à travers les Barbares qui ont envahi et bouleversé l'Europe; il nous faut arriver aux croisades pour voir les chevaliers et les barons, de retour des splendides pays de l'Orient, rapporter dans leur pays des plantes jusqu'alors inconnues, mais qui les ont charmés là-bas. Ces belles exilées s'acclimatèrent plus ou moins bien, et voilà qu'elles croissent dorénavant dans l'enceinte du château féodal sous les yeux de la belle châtelaine, souvent ennuyée du decorum de sa suzeraineté et se rattachant au bonheur pur de respirer le parfum de ces fleurs soignées sous ses yeux. Du manoir elles se répandent peu à peu dans les monastères, et là elles vont rester cachées plusieurs siècles, jusqu'à ce que l'Amérique découverte nous envoie ses fleurs inconnues et que, toutes ensemble, elles s'échappent pour être cultivées par tout le monde !

Cette marche que nous venons d'esquisser à grands traits est celle de la fleur de jardin : nous ne pouvons rien dire encore de la fleur d'appartement, conquête absolument moderne. Mais nous devons, en passant, nous arrêter un moment à l'invention de la serre et de ses modifications : couches, bâches, cloches, etc., etc... Il est évident que lorsque des voyageurs hardis et aventureux eurent rapporté en Europe les végétaux des zônes lointaines, on dut songer à les conserver et à les rapprocher des conditions natales de leur pays. D'autre part, comment assurer l'existence de végétaux nés, par exemple, sous les tropiques, et qui sont en pleine floraison quand les frimas et les neiges s'étendent sur nos pays?..

On inventa les serres, et, dès lors, on eut inventé, par contre-coup, la plante d'appartement. Ce fut d'abord la fleur exotique épanouie dans la serre qu'on voulut avoir plus près de soi, pour jouir de ses couleurs, de ses formes charmantes, de son parfum : nous en étions encore là au commencement de ce siècle.

Puis on en vint à penser que l'on pourrait élever certains végétaux à feuillage découpé, coloré, pittoresque, excentrique, exclusivement pour le salon ; qu'il produirait en ce lieu un effet de contraste charmant, qu'il s'harmoniserait aux décors de la pièce..... La plante d'appartement fut créée de ce jour... mais cela n'a pas plus de vingt-cinq ans de date.

D'abord confinée dans quelques hôtels fastueux dont la serre chaude renouvelait sans cesse les exhibitions des appartements, la culture de certains végétaux passa chez des jardiniers qui en vendirent aux fortunes plus modestes, et aujourd'hui les plantes d'appartement sont partout !

Mais cela ne suffisait pas. Du salon, où elle avait souffert l'hiver, la fleur, avec le printemps, passa sur le balcon, sur la terrasse et sur la fenêtre. De là, une autre culture spéciale ! Et bientôt, sous l'influence des milieux différents où elles étaient appelées à vivre, une sélection se fit entre les plantes diverses, et certaines espèces ne furent plus essayées pour cette culture, tandis que d'autres, s'y prêtant, se montrèrent partout.

Une deuxième sélection se manifesta un peu plus tard, alors que naquit la mode de suspendre dans certains endroits de nos demeures des vases spéciaux remplis de végétaux d'ornement. Ce dernier perfectionnement date à peine de quelques années : les règles, les conditions de son existence ne sont pas encore parfaitement fixées, nous essaierons néanmoins d'y pourvoir.

# CHAPITRE II.



## § 1. — La germination.

Loin de nous la pensée de faire un cours, même abrégé, de physiologie végétale, nous ne voulons que rappeler en peu de mots les principes généraux qui nous permettront de donner des indications nouvel-

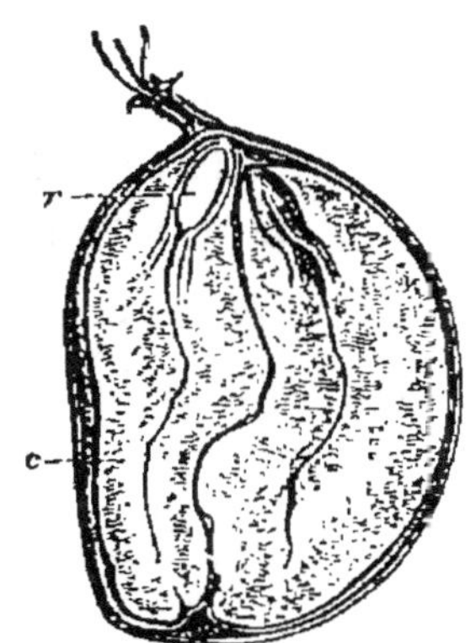

Fig. 1. — Coupe d'un fruit contenant deux graines (châtaigne). *r*, radicelle ; *c*, cotylédons.

les. N'oublions pas que la graine est un véritable œuf végétal qui renferme les linéaments néces- saires de la plantule qui s'y for- mera un jour; aussi nous con- sidérons la *germination* comme l'acte par lequel l'embryon rompt les téguments qui jusque-là l'ont protégé et poursuit *au dehors* son développement. C'est une sorte d'éclosion (fig. 1).

L'état de maturité de la graine coïncide le plus souvent avec celui du fruit et presque toujours, à cette époque, la graine devient libre, soit que le fruit disparaisse, soit qu'il se sépare d'elle ou la laisse échapper. Quoi qu'il soit arrivé, c'est là un moment critique dans la vie de l'embryon, car il est apte à germer immédiatement; mais il possède aussi le pouvoir, la plupart du temps, de suspendre cette évolution durant une certaine période. Ce temps de suspension, cette période de sommeil est certainement l'une des phases les plus curieuses par sa variabilité d'un végétal à un autre.

Chez quelques-uns, le temps de germination est si court qu'il semble que le végétal empiète d'une de ses fonctions sur les précédentes et que les graines se hâtent de germer, puisqu'on les voit se développer à peine écloses et sur les branches mêmes de l'arbre qui les a portées. D'autres organismes conservent au contraire pendant des périodes incroyablement longues cette précieuse faculté germinatrice endormie : on a fait germer, de notre temps, des grains de blé retrouvés dans les cercueils de momies de la vieille Égypte où ils avaient séjourné des milliers et des milliers d'années... et cependant, ils ont repris à la volonté de l'homme leur vie coupée par ce long sommeil, et ils sont venus à bien rentrant dans leur cycle normal !....

Les conditions nécessaires pour la germination sont l'*humidité*, la *chaleur* et l'*air* : réunies, tout marche à souhait; séparées, le résultat est presque toujours mauvais : mais leur présence en excès est aussi nuisible que leur absence. L'*eau* agit sur les graines sous forme d'*humidité*, dirons-nous, mais de trois manières : en amollissant les téguments souvent coriaces des graines, en gonflant, et enfin en dissolvant les matières nutritives mises là en réserve et qui doivent nourrir le jeune végétal.

La *chaleur* la plus convenable est celle qui provoque une fermentation moyenne, de $+10$ à $+15°$.

L'*air* est indispensable aux graines comme à tous les êtres vivants de notre globe : il sert, pendant la germination, à une véritable respiration : dans le vide, aucune plante ne se développe. De ce rôle capital de l'air découle ce fait que toutes les substances, capables de fournir de l'oxygène, doivent accélérer la respiration et, par cela même, la germination. L'expérience l'a prouvé, parce que la graine qui germe absorbe de l'oxygène ; il lui en faut pour modifier sa réserve alimentaire.

Le développement de l'embryon est aussi variable d'une plante à l'autre que la durée de sa faculté ou puissance germinatrice : l'un n'est point en rapport avec l'autre et ne forme pas un des moins curieux contrastes du règne végétal. Nous en donnons quelques exemples intéressants, à propos de la germination des plantes exotiques dont tant de personnes reçoivent, à chaque instant, des graines aujourd'hui. Tant d'amateurs se dépitent, après des essais multipliés, de ne pouvoir rien obtenir des envois qui leur sont faits, que nous avons jugé qu'ils nous sauraient gré de leur donner un traitement général en prenant une des plantes les plus délicates pour modèle.

Depuis un certain nombre d'années la culture des plantes d'ornement dans les jardins et dans les appartements a pris un immense développement. Entre autres végétaux, au port élégant et à la conservation facile dans l'atmosphère étouffée des habitations, il

Fig. 2. — Feuille flabelliforme du palmier nain.

faut compter, au premier rang, les différentes espèces de *palmiers* dont les feuilles affectent presque toutes des formes très-ornementales (fig. 2). Beaucoup de personnes en demandent et en obtiennent des graines dans les pays de production spontanée, mais la plupart d'entre elles, sans en excepter des horticulteurs, deviennent tout à coup embarrassées quand il s'agit de semer ces graines et de les faire lever. Aucun traité

ne donne ces détails qui ne son encore connus que
par quelques praticiens en position de faire souvent,
et dans des pays divers, ces opérations.

Nous ne passerons pas en revue les espèces si nombreuses du genre ; cependant, parmi toutes celles qui
se montrent en si grand nombre ornementales, nous
sommes forcés d'opérer des divisions par suite de la
qualité et de la grosseur des fruits ou de la graine.
Certaines d'entre ces graines renferment une quantité
considérable d'huile qu'on emploie dans l'industrie ;
d'autres se mangent comme fruits et acquièrent un
volume considérable. De même tous les palmiers ne
doivent pas être rangés parmi les végétaux que Linné
appelait les *princes du règne végétal,* tous n'arrivent
pas, il s'en faut beaucoup, aux proportions gigantes-
ques des dattiers ou des arecs ; un grand nombre res-
tent acaules et ne dépassent pas la taille de faibles
sous-arbrisseaux : ce ne sont pas les moins jolis. Nous
avons eu la chance, à la séance du 2 janvier 1876 de
la *Société d'acclimatation*, de prendre quelques notes
sur les traitements convenables indiqués par M. *Rivière* non-seulement comme employés dans les serres
du Luxembourg, mais encore et bien mieux dans le
midi de notre pays et dans le jardin du *Hamma*, près
d'Alger.

Considérons, pour commencer, le genre *Coco,* qui,
outre le *comestible,* comprend un grand nombre
d'espèces plus ou moins ornementales, telles que les
*Cocos dactyle, C. fluctuosa, C. amara,* etc. Les fruits

de ces différentes espèces ont la taille moyenne d'une grosse noix, mais tous sont enveloppés d'un tissu fibreux qui a pour effet de gêner beaucoup la germination et dont il faut, tout d'abord, se débarrasser. Pour cela, on mettra les fruits dans un pot plein de terre, que l'on enterrera dans une serre chaude à l'abri absolu du jour et qu'on mouillera souvent et longtemps. En un mois ou deux, les enveloppes seront détruites. A ce moment, on dépouillera les graines de tous débris des enveloppes et on les soumettra à la stratification, procédé sauveur de tous ces germes et qui doit toujours être appliqué.

Pour les stratifier, on sépare les couches de graines, dans un pot, par des couches de sable de 2 centimètres au moins d'épaisseur et ainsi jusqu'à ce qu'il soit plein ; on porte alors en serre chaude dont la température sera maintenue de $+$ 16 à $+$ 20°.

Ici se présente un phénomène parfaitement avéré, mais tout à fait inexplicable, c'est que ces graines sont capricieuses, et que les unes lèvent et les autres ne lèvent pas. Aussi, selon la *capacité* de la graine, la germination demande un mois, deux mois, quelquefois six mois !... Il ne faut jamais se presser et, à plus forte raison, désespérer ; il faut attendre et l'on voit enfin les graines de la surface commencer à germer. A l'extrémité de la graine ou sur le côté, — partout en un mot, car chaque graine a sa manie, — on voit apparaître une radicelle qu'on laisse allonger au moins d'un centimètre.

Ceci obtenu, il est temps, lorsque les graines sont grosses, de s'occuper de les mettre en place, chacune dans un pot de 8 à 10 centimètres de diamètre. Quel que soit l'endroit d'où est sortie la radicule, on placera toujours la graine horizontalement au milieu du pot et à une profondeur telle qu'il y ait, au moins, — et cela

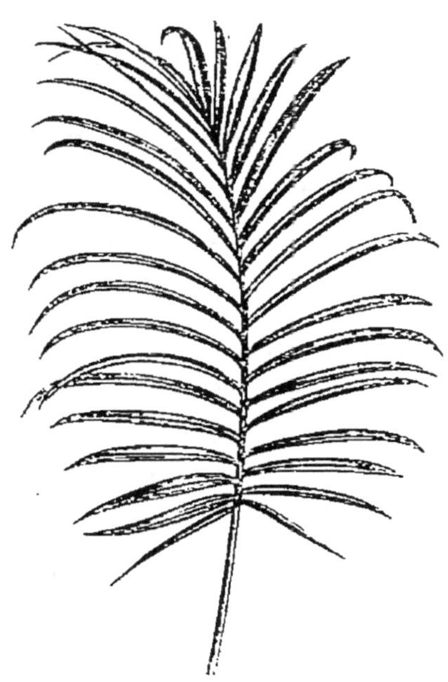
Fig. 3. — Feuille pennée d'un arec.

toujours et pour toutes les espèces, — *deux centimètres* de terre au-dessus d'elle.

Passons maintenant au genre *Areca* (fig. 3). Ici les graines sont enveloppées d'une sorte de capsule sèche : on la laisse bien sécher, puis on casse cette première enveloppe avec un petit maillet, de manière à obtenir la graine nette, comme si l'on épluchait les fruits de notre noyer. On passe alors à la stratification, parce que, quelle que soit la grosseur des fruits, entre un pois et un grain de raisin, rien n'est plus capricieux encore que leur faculté de germination. Quelle que soit la taille petite ou grosse de la graine, cela ne donne aucun indice sur le temps qu'il lui faudra, non-seulement pour germer, mais surtout pour conserver sa faculté germinatrice.

Les *Chamærops* ont toujours leurs graines enveloppées d'une matière charnue, et la germination se fait longtemps attendre ; au lieu d'abandonner la nature à elle-même, en Afrique, où ces palmiers nains sont très-communs, on réunit leurs fruits en tas, une sorte de fermentation s'y établit, qui détruit la matière enveloppante. On stratifie alors les noyaux restants.

Le *Latania Borbonica* porte aussi un fruit analogue, qui ressemble à une olive : comme le précédent, il faut le débarrasser de son enveloppe, mais, comme celle-ci est, en somme, peu considérable, on le met tout de suite en stratification.

Ce que nous ne pouvons passer sous silence, c'est que certains genres perdent extrêmement vite leur puissance germinatrice. Ainsi tandis que cette puissance se conserve 3 et 4 ans chez certaines espèces, chez d'autres elle ne se garde pas quinze jours ! surtout quand les graines sont mûres sur l'arbre ; si elles ne sont pas semées, elles deviennent inertes. En ce cas, il faut toujours avoir recours à la stratification dans du sable ou de la terre très-légère avant de les faire voyager ; elles poussent en route et arrivent toutes développées à destination. La Nouvelle-Hollande et la Nouvelle-Calédonie renferment un grand nombre d'Araucarias, — pour citer un exemple frappant en dehors de nos palmiers, — dont la germination a positivement lieu sur l'arbre, et, quand il faut porter ces fruits seulement de la montagne à la ville voisine, la puissance germinatrice est si fugitive qu'elle se conserve à peine. Le Manguier des colonies (*Mangifera Indica*), si connu, présente des graines qui ne germent plus quinze jours après leur maturité : de même l'*Avocatier* ou *Ivoire végétal*. Jamais on n'en aurait pu apporter une graine fertile en Europe, si l'on n'avait imaginé de les mettre sur une fiole d'eau et de les tenir ainsi germant et poussant pendant le voyage. Il existe un châtaignier australien, le *Castanea Cuningham*, dont la graine rapportée dans un sac, une boîte, etc., ne germe jamais. Cependant, parmi les palmiers à graines perdant très-vite leur puissance germinatrice, nous avons plusieurs espèces, des contrées tempérées et de serre froide à peine, qui prospéreront à merveille dans nos départements méridionaux et en modifieront l'aspect d'ici à un petit nombre d'années.

Avant de semer les graines de ces plantes, quelles qu'elles soient, une précaution doit toujours être prise : c'est d'en examiner quelques-unes, pour s'assurer qu'elles sont saines. Dans les palmiers, la position de l'embryon est extrêmement variable; cet organe se trouve soit à un bout, soit à l'autre, soit au milieu, soit partout. Mais, dans tous les cas, c'est un petit corps logé dans une cavité qu'il doit remplir. Si sa surface est ridée, si la substance qui le compose n'est pas fraîche, blanche, saine, il ne faut pas cultiver plus longtemps. On plongea lors les graines saines pendant vingt-quatre heures dans l'eau, puis on les sème dans les terrines, en levant, comme nous l'avons indiqué, les enveloppes fibreuses, puis on plonge ces terrines dans de la terre chaude.

Pour les graines qui ont une taille égale ou peu supérieure à celle d'un haricot, comme celles des *Areca rubra*, *A. lutescens*, des *Dattiers* ou *Phénix* (fig. 4), tels que : *Phœnix humilis*, *P. pumilo*, on les plante de suite à la terrine.

La *terre chaude* dont nous venons de parler est une installation spéciale construite au milieu d'une serre chaude au Luxembourg; c'est une sorte de couche chauffée tout autour et en dessous à $+ 38°$, $+ 40°$ par des tuyaux de thermosiphon passant sous de petits conduits voûtés : on l'appelle *la Fournaise*. Tous les semis de palmiers y passent, jusqu'à ce que la première feuille ait 8 à 10 cent. de long. Naturellement elle y vient blanche, étiolée, mais avec quelques précautions on l'aoûte assez facilement. Pour cela on la porte dans la serre chaude et on la couvre de cloches de maraîcher que l'on soulève peu à peu. Huit jours après, la plante devient libre dans la serre chaude, où elle demeure virant au vert.

On ne rempote ces élèves qu'à 12 ou 18 mois, quand la deuxième feuille est formée. On prend des pots de 7 à 8 cent. de diamètre dans lesquels on les plante avec beaucoup de soin ; puis, chaque petit pot est reporté à la fournaise pendant 8 à 10 jours, pour faciliter et assurer la reprise. On les y met sous cloche, et il faut compter 15 à 30 jours avant de leur donner de l'air.

Surtout si les graines sont venues de loin, il faut

Fig. 4. — Palmier-dattier.

compter que sur 200 graines, par exemple, 50 lèveront

dans les 2 à 3 premiers mois, mais que les autres
ne lèveront que l'année suivante. Il ne faut donc jamais jeter la terre des terrines de semis qu'alors qu'on
s'est assuré que les graines s'y sont complétement décomposées, car le temps pendant lequel certaines conservent, latente, leur faculté germinatrice est in-
croyable.

En Algérie, on se contente de bâches (fig. 5) chauf-

Fig. 5. — Bâche ou coffre vitré.

fées, puis on sème les graines en terre sous les châssis,
et on les habitue à l'air peu à peu. Maintenant même,
on est parvenu à exécuter ces semis en pleine terre, ce
qui fait gagner 2 ans sur 3 ; on les enlève et on les met en
pot à 2 ou 3 feuilles, puis on assure la reprise en portant les pots sur couche chaude. Entre 2 et 3 ans, on
les plante en pleine terre. Cette opération se fait en

avril en Algérie. Pendant 2 ans, les palmiers ne font rien à l'extérieur, ils ne s'occupent que de leurs racines; mais, après ce temps, ils prennent leur essor et marchent fort vite.

Pour les enlever, il faut le faire en mai-juin, et avoir soin, pendant tout l'hiver et tout le printemps précédent, de ne pas donner une goutte d'eau; il faut couper la motte autour la plus grande possible et se souvenir que *tous les palmiers* doivent être plantés de manière à avoir leur collet à 2 ou 3 cent. au-dessous du sol. Maintenant, nous avons à recommander ici une précaution, commune non-seulement à tous les palmiers, mais encore à *tous les arbres verts*, c'est de pratiquer autour de leur pied un bourrelet en terre qui assure que toute l'eau des arrosages traversera la motte et ne sera pas absorbée par la terre extérieure. Sans cette précaution, comme les feuilles des palmiers exhalent une grande quantité d'humidité, la motte est bientôt desséchée; plus elle l'est, plus l'eau est attirée par la terre d'alentour, plus l'arbre souffre, et bientôt il meurt sans qu'on sache pourquoi.

Un mot, en passant, sur les *Cycadées* (fig. 6), *Zamia, Cycas*, etc., etc. Ces plantes gardent pendant longtemps leurs facultés germinatrices; il faut faire attention que l'embryon soit bien placé, en mettant les graines en terre horizontalement.

Revenons à nos palmiers. Leurs racines ont une constitution à part et dont il faut absolument tenir compte. Elles ne se ramifient point, comme celles de beaucoup d'arbres; elles courent au loin, garnies

Fig. 6. — Cycas circinalis.

de quelques rares radicelles. Dans un vase, elles se contournent en rencontrant les bords et vont au fond, mais, y rencontrant encore un obstacle, elles reviennent sur elles-mêmes et se roulent en tire-bouchons bien connus. Par ce fait, elles *soulèvent* la motte tout entière. Pendant ce temps les arrosements entraînent la terre du dessus dans les vides, ainsi formés au fond du vase, le collet se dénude et sort de terre. Si maintenant on rempote la plante dans un vase plus grand, il faudra avoir soin de replacer le collet à 2 ou 3 cent. au-dessous du sol. On a toujours raison, avant cela, de couper les tire-bouchons du fond; il s'en reformera assez qui soulèveront encore l'arbre et sa motte.

### § 2. — La tige, et comment elle vit.

La tige compte, dans les végétaux, deux grandes modifications principales, selon qu'elle appartient au groupe des *Monocotylédonés* (fig. 7) ou à celui des *Dicotylédonés* (fig. 8). Quant aux fonctions de cette partie de la plante, nous ne pouvons mieux faire pour l'expliquer qu'emprunter à M. Duchartre une savante leçon, faite le 28 octobre 1875 à ses collègues de la Société centrale d'horticulture de France, sur le sujet qui nous intéresse ici (1).

« La base de la nourriture des végétaux, dit-il, con-

(1) *Journal de la Société*, 1875, p. 600.

siste dans le liquide que leurs racines puisent dans la terre au milieu de laquelle elles s'étendent. Mais ce liquide n'est que de l'eau tenant en dissolution une très-faible quantité de matières qu'elle a pu prendre en s'infiltrant à travers le sol; il n'est donc pas capable de constituer, dans cet état, l'aliment des plantes.

« Comme ce nouveau liquide est sans cesse absorbé vers l'extrémité des jeunes racines, il chasse devant

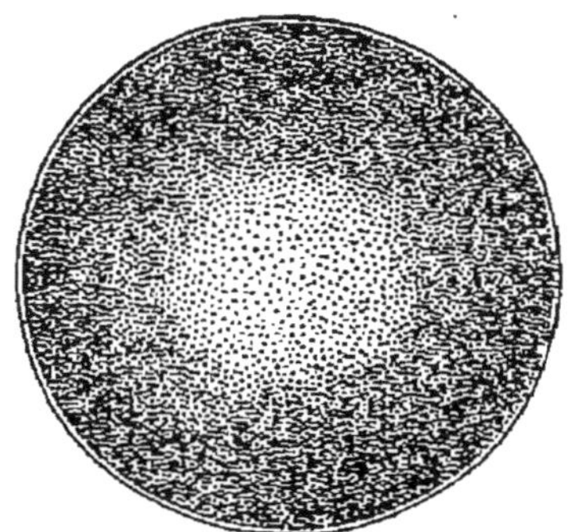

Fig. 7. — Coupe transversale de la tige d'un palmier.

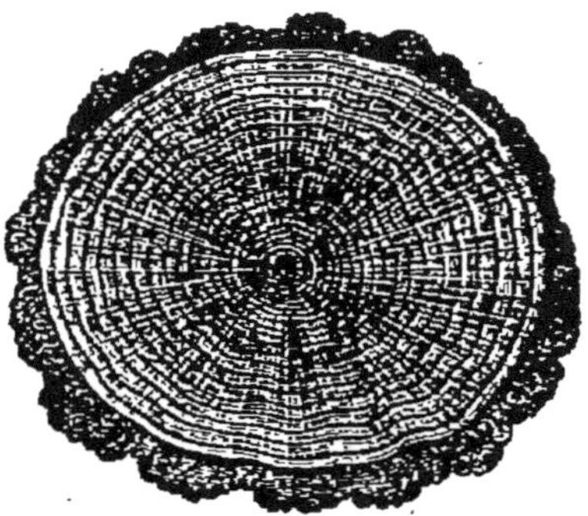

Fig. 8. — Coupe transversale d'un tronc d'arbre dicotylédoné.

lui et par conséquent de *bas en haut* celui qui vient d'être introduit auparavant. D'un autre côté, une grande quantité d'eau étant sans cesse versée dans l'atmosphère, sous forme de vapeur, par les feuilles et par les extrémités jeunes et vertes des branches, il en résulterait un vide intérieur, si le liquide contenu dans les tissus voisins ne venait aussitôt remplacer celui qui s'est vaporisé.

« La conséquence de ce second fait est un appe

exercé de proche en proche et de *haut en bas* sur l'eau
que l'absorption par les racines a déjà introduite,
appel comparable à celui que pourrait exercer une
pompe aspirante. Par l'effet de ces deux causes principales, mais non uniques, poussé de bas en haut et
appelé de haut en bas, le liquide absorbé par les racines se dirige de celles-ci vers les feuilles, constituant
ce qu'on nomme *sève brute* — pour désigner sa nature, — et *sève ascendante*, — en raison de la direction qu'il suit habituellement.

« Sans doute, dans son trajet ascendant pendant lequel elle suit le bois, la sève devient de moins en moins
aqueuse à mesure qu'elle s'élève; mais elle n'en est pas
moins composée d'eau en très-majeure partie quand
elle arrive aux feuilles dans lesquelles elle doit subir un
changement complet. En effet, ces organes, généralement étendus pour cela en lames minces et larges,
lui permettent de se débarrasser d'une grande partie
de son eau qui s'échappe dans l'air à l'état de vapeur
et, par cela même, de se concentrer. D'un autre côté,
par le phénomène de la respiration, ces organes prennent certains gaz de l'atmosphère en y en versant d'autres, et, au total, ils effectuent dans leur tissu un travail chimique ou une élaboration qui détermine la
formation de diverses matières.

« C'est ainsi que la sève, arrivée brute aux feuilles,
y devient un liquide capable de fournir à la nutrition
de tous les organes du végétal, et ce liquide nourricier, comparable pour les plantes au sang des animaux,

constitue la *sève nourricière* ou *élaborée* qui, dès cet instant, fournira à toutes les parties en développement les éléments de leur croissance.

« Mais, pour se rendre à ces parties, les feuilles étant son point de départ, ce liquide suivra nécessairement, dans l'état habituel des choses, la direction de haut en bas; aussi l'appelle-t-on souvent encore *sève descendante*, bien qu'elle ne descende pas toujours et qu'elle puisse suivre, au besoin, toutes les directions pour se rendre aux organes qu'elle doit nourrir. Dans son trajet, inverse en direction de celui qu'a suivi la *sève brute*, la *sève nourricière* trouve sa voie dans l'écorce, particulièrement dans des tissus spéciaux de celle-ci qui forment des tubes à parois minces, surtout par places, et organisés de manière à rendre facile le passage de liquides par leurs cavités et même à travers leurs parois. »

## § 3. — Les feuilles et leurs usages.

Les feuilles représentent l'un des organes les plus intéressants du végétal, parce qu'elles servent surtout à sa *respiration*. Nous les voyons sous formes de lames, ordinairement vertes, mais d'une nuance très-variable et de toutes les formes imaginables. Leur durée est toujours limitée. Annuelles avec la plante annuelle, souvent se détachant au bout de quelques mois : dans d'autres végétaux, durant trois, quatre et cinq ans.

La feuille, au moment de sa naissance, est toujours

empruntée au tissu extérieur de l'axe sur lequel elle s'attache (fig. 9) : aussi les feuilles ne poussent point au hasard, mais bien, suivant une loi mathématique, spéciale pour chaque végétal. En général le nombre des feuilles est d'autant plus grand sur une plante qu'elles sont elles-mêmes plus petites.

Fig. 9. — Feuilles de la Crassula perfossa.

La respiration des plantes est une opération très-complexe par laquelle le végétal puise dans l'atmophère : 1° de *l'oxygène* indispensable aux phénomènes intérieurs de combustion lente qui constituent la vie, phénomènes tout à fait similaires et comparables à ceux des animaux ; 2° du *carbone* pour trouver les matériaux dont le végétal lui-même est composé et qui s'y accumulent par le fait de la croissance.

Fig. 10. — Feuille d'Akébia.

Ce n'est pas tout encore : les feuilles sont en même temps des organes d'*absorption* et d'*exhalation*. En effet, on a constaté que, suivant le milieu ambiant, elles absorbent de la vapeur d'eau, de l'eau même, ou d'autres fois elles en exhalent. Les *stomates* sont les organes de ce rôle répandus à profusion à leur surface. Lorsque cette expiration, dans nos appartements, au milieu de notre air toujours trop sec, est trop abondante, nos plantes se fanent et nous avertissent que l'équilibre normal est rompu chez elles et que nous devons veiller et remédier !

Les feuilles ne sont pas des organes immobiles (fig. 10); elles se dirigent toujours vers la lumière, et les *plantes d'appartement* nous donnent souvent le soin de les retourner pour que cette propension instinctive, tyrannique et irrésistible, ne les déforme pas promptement.

## § 4. — La Fleur et sa valeur.

La fleur est l'ensemble des organes qui concourent à la reproduction du végétal : non-seulement ils ont une importance extrême dans sa vie, mais ils servent à l'homme à les classer de l'une des manières les plus simples qu'on ait trouvée.

Une fleur *complète* se compose de quatre séries d'organes, disposés en cercles concentriques ou *verticilles* (fig. 11) à l'extrémité du *pédoncule*. Ce sont, en partant du dehors : le *calice,* divisé en *sépales ;* la *corolle,* divisée en *pétales,* les *étamines* et les *pistils.* Il ne faut jamais ou-

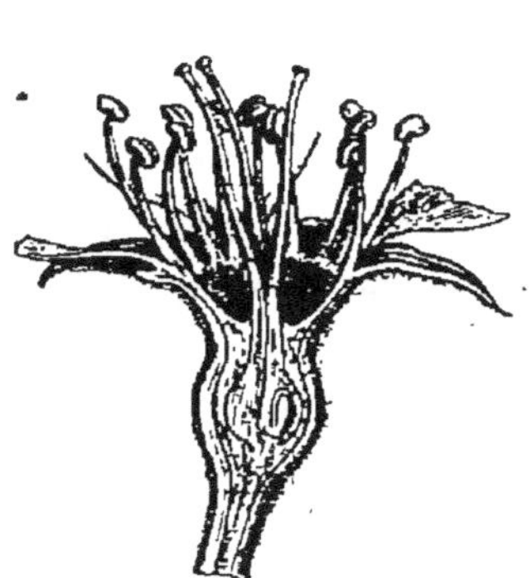

Fig. 11. — Coupe de la fleur du poirier.

blier que les deux enveloppes externes, *calice* et *co-rolle,* ne sont que des organes accessoires, et que la *fleur véritable,* celle qui suffit à assurer la pérennité du végétal, est composée des *étamines* et des *pistils,* les deux verticilles intérieurs.

La fleur est un véritable bourgeon dont les parties, au lieu de s'allonger, de s'espacer sur un rameau, sont restées rapprochées sur un axe très-court; aussi la fleur est une véritable rosette de feuilles modifiées.

Nous ne voulons pas insister sur des détails en dehors de ces grandes lignes générales qui suffisent pour rappeler le rôle capital de la fleur dans la reproduction des espèces.

Les fleurs absorbent une grande quantité d'oxygène, qu'elles transforment en acide carbonique au moyen de leur carbone : c'est une véritable respiration, analogue à celle de l'homme, et qui dure la nuit comme le jour, que les plantes soient ou non exposées à la lumière.

Toutes les autres parties vertes de la plante produisent le même phénomène, mais seulement *pendant le jour* et *à la lumière.*

Les fleurs, au contraire, produisent souvent d'autres émanations délétères, qui tiennent certainement aux pétales et aux étamines, non pas toujours à cause de leurs effluves très-odorants, mais par suite de causes encore très-imparfaitement connues. Il est donc toujours prudent de se mettre en garde contre les empoisonnements très-dangereux que peuvent produire des plantes, surtout confinées pendant la nuit dans les appartements où nous couchons.

Le moindre inconvénient qui puisse en résulter, surtout quand il s'agit des femmes, ce sont des étouffements, des maux de tête, des syncopes : quelquefois des cardialgies, des vomissements, de l'engourdissement dans les membres, des convulsions, presque toujours un état de somnolence, de faiblesse avec diminution des mouvements du cœur, d'où l'on peut inférer que le principe délétère des fleurs agit bien plus sur le système nerveux, que sur les phénomènes *chimiques* de la respiration comme par une suite d'asphyxie. On ne connaît, du reste, aucun moyen de faire cesser cette intoxication : parmi les palliatifs, il faut compter sur le grand air, sur des compresses froides, des révulsifs, des frictions, etc...

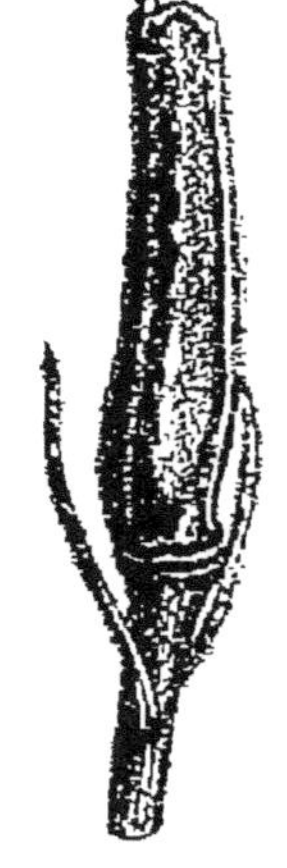

Fig. 12. — Follicule du pied d'alouette.

### § 5. — Le Fruit et la graine.

L'une des parties de la fleur, le pistil et ses annexes, survivant aux autres (fig. 12), se développe en un nouvel organe, qui est le *fruit* et dans lequel se trouve la *graine,* sorte d'œuf végétal (fig. 13) où sont contenus tout formés

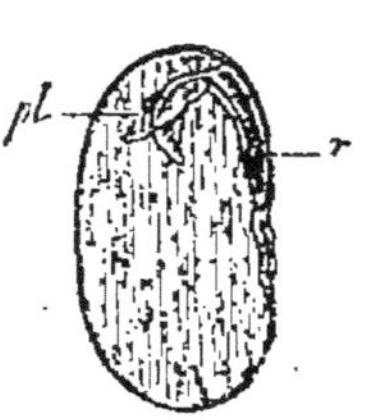


Fig. 13. — Graine du haricot.

les linéaments de la jeune plante qu'elle produira un jour.

Le véritable fruit n'existe donc que chez les plantes qui ont des fleurs (*phanérogames*); les autres, sans fleurs (*cryptogames*), ont des corps reproducteurs très-curieux, mais d'une structure toute différente.

La fleur ne s'est épanouie, en définitive, que pour arriver à faire parvenir sur le *stigmate*, ou partie supérieure du *pistil*, la poussière fécondante qui s'était organisée dans les *anthères* ou sacs spéciaux des étamines. Dès ce moment, l'évolution du fruit commence, la fleur se fane et tombe, le pistil seul demeure, mais flétri aussi et réduit aux ovaires qui se développent et contiendront les *graines* (fig. 14).

Fig. 14. — Trivalve. Capsule du Yucca.

Entrer dans des détails sur les formes et les espèces si variées des fruits et des graines, serait sortir absolument de notre cadre : la nature s'est jouée, dans son rôle capital, avec toutes les difficultés imaginables ; elle a varié à l'infini les moyens pour arriver toujours au même but : la pérennité de l'espèce, et elle l'a fait avec la plus inconcevable libéralité !

Nous n'essayerons pas même de donner un essai de classification des fruits ; cela nous entraînerait trop loin : nous ne voulons que rappeler ici, en quelques mots, le rôle considérable de la reproduction des plantes. Merveilleux agencement! qui sauve autour de nous tous ces organismes si divers.

# CHAPITRE III.



## § 1. — Des vases et des caisses.

La culture des plantes d'appartement suppose nécessairement un vase pour renfermer le végétal dont il s'agit ; qu'il soit en terre, en métal, en bois, ce vase prendra différents noms. Il sera un *pot* ou une *terrine*, une *jardinière*, un *bac* ou une *caisse*.

Les pots, de tous les récipients les plus commodes, sont en terre cuite, non vernie, douée d'une certaine porosité. En général ces vases sont tronconiques et calculés de façon que leur hauteur soit très-peu supérieure au diamètre de leur ouverture. Leur forme est préparée pour que la motte de terre qu'ils contiennent sorte facilement sans se briser.

Les pots doivent toujours être percés, plutôt trop que pas assez, parce que leur drainage est une question de première nécessité. Les plus petits pots reçoivent un tesson qui porte sur le trou du fond et laisse passer l'eau des arrosements et non la terre. Mais, dès que l'on fait usage de pots de 30 à 40 cent. d'ouverture, on les drainera avec des tessons entassés de manière à laisser facilement passer l'eau, sur une épaisseur de 3 à 4 cent. Si l'on a besoin que le drainage soit encore plus parfait on recouvrira les tessons d'un lit de mousse de quelques millimètres d'épaisseur qui empêchera la terre de remplir les vides et de les obstruer.

Les terrines (fig. 15) servent bien peu dans la culture des plantes d'appartement, à moins que ce ne soit pour y faire un semis ou pour y exécuter des boutures au moyen du chauffage, tel que nous le verrons (chap. III, § 5 ). La forme des terrines est basse et large, leur fond est abondamment percé de trous.

Fig. 15. — Terrine.

Les caisses sont des vases de formes variables, en bois de chêne, reposant sur quatre pieds. Ce que nous disons de la nécessité de drainer les pots, s'applique, à plus forte raison, à toutes les caisses. Il faudra y mettre une abondante couche de tessons, qui sont toujours ce qu'il y a de meilleur. Les moins bonnes caisses sont celles dont les parois sont verticales, parce qu'on ne peut en faire sortir les plantes avec la motte qui comprend leurs racines et la terre où elles végètent. C'est pourquoi les changements nécessaires sont souvent difficiles. C'est là une des plus grandes objections contre les plantes mises à même les jardinières en parallélipipèdes.

## § 2. — De la terre.

Si nous acceptions sans restriction les principes de l'école moderne dont M. G. Ville est le chef, nous ne considérerions la terre des plantes que comme un *support* pour leurs racines. Cette terre n'aurait aucune action nutritive pour elles, puisque, par des arrosages convenablement *minéralisés*, nous pouvons toujours faire parvenir aux racines les produits dont vivent les végétaux. Quoique nous soyons persuadé qu'il y a beaucoup de bon dans cette méthode, nous ne l'acceptons cependant pas sans quelques modifications, parce que nous sommes également convaincu que la *texture* même de la terre exerce une grande influence sur le développement même des racines et, par là, sur la santé de la plante.

Cette vérité est incontestable quand il s'agit surtout de plantes confinées en pot, et auxquelles, par conséquent, n'est répartie qu'une faible quantité de terre toujours la même. Dans ce cas surtout, il est indispensable d'assortir, autant que possible, la terre des vases à celle que recherchent d'elles-mêmes les plantes à l'état de nature. Celles qui affectionnent la terre de bruyère, cette sorte de terreau léger et spongieux formé de détritus de plantes et de feuilles, s'accommoderaient mal du sable graveleux dans lequel des ficoïdes se trouveraient à merveille. D'autre part, le terreau apporte non-seulement aux végétaux un certain appoint de principes assimilables, mais il leur fournit, en outre, une substance molle, spongieuse, facile à traverser par les radicelles et aisément perméable à l'eau des arrosements.

Fig. 16. — Oranger commun.

Nous pouvons donner ici quelques explications sur les terres que préfèrent certaines espèces bien connues. Ainsi, les *Orangers* (fig. 16), les *Grenadiers* (fig. 17), les *Lauriers roses* (fig. 18) seront plantés dans un compost formé de 1/4 terre franche, 1/4 bonne terre de potager, 1/4 terre de bruyère, 1/4 terreau gras ; les *Géraniums* (fig. 19) : 1/3 terre franche, 1/3 terre bruyère , 1/3 terreau de feuilles ou de fumier bien consommé. Les *Calcéolaires* (fig. 20) aiment la terre

Fig. 17. — Grenadier à fleurs doubles.

de bruyère mêlée de terreau de feuilles. Les *Myrtes*, les *Cinéraires* (fig. 21), les *Camélias*, les *Curculigo*, les *Lis* délicats, les *Tradescantias*, les *Azalées*, les *Bégonias* (fig. 22), les *Coleus*, les *Crassules*, les *Cycla-*

*men* (fig. 23), et mille autres, la terre de bruyère pure. Les plantes grasses aiment un mélange de terre franche et de terre de bruyère.

Toutes les fois qu'on plante un végétal dans un pot,

Fig. 18. — Laurier-rose.

il faut veiller au *drainage*, c'est-à-dire qu'il faut placer, sur l'ouverture qui existe au fond du pot, des matières capables de ne pas se tasser sous le poids de la terre et de laisser des interstices entre elles, par où s'écoule l'excès d'humidité des arrosements. Ces précautions nous amènent tout naturellement à examiner ce qui n'arrive que trop souvent aux plantes que l'on achète chez les fleuristes, ou sur les marchés spéciaux de la capitale et des grandes villes.

Fig. 19. — Pelargonium zonale.

Combien de fois les plantes fraîches que l'on emporte avec enthousiasme ne tardent-elles pas à perdre leur éclat, et, quelques jours plus tard, ne présen-

tent plus qu'un cadavre décoloré ! On dépote ces plantes mortes, on trouve au fond du vase non des débris
de poteries, mais des plâtras plus ou moins délités, et
l'on accuse le marchand de mettre de la chaux pour

Fig. 20. — Calcéolaire hybride.

brûler les racines et forcer l'acheteur à retourner au
magasin. En vérité, les marchands ne prennent pas
tant de précautions, et ils ont raison ! Ils savent que,
chez l'acheteur, bien assez de causes combattront la vi-

talité des produits qu'ils ont vendus, pour y ajouter quoi que ce soit.

Fig. 21. — Cinéraire des Canaries.

Ils savent qu'ils vendent des végétaux, même rustiques, fleuris prématurément ou même à contre-saison, et qui, pour cela, sont maintenus en serre chaude

ou sous châssis à température élevée, qui accélèrent la
végétation. Ils savent que là ces plantes étaient au milieu de circonstances toutes favorables : chaleur, lumière, humidité, abri; puis, tout à coup, l'acheteur les
emporte au grand air dont l'activité les tue, les confine

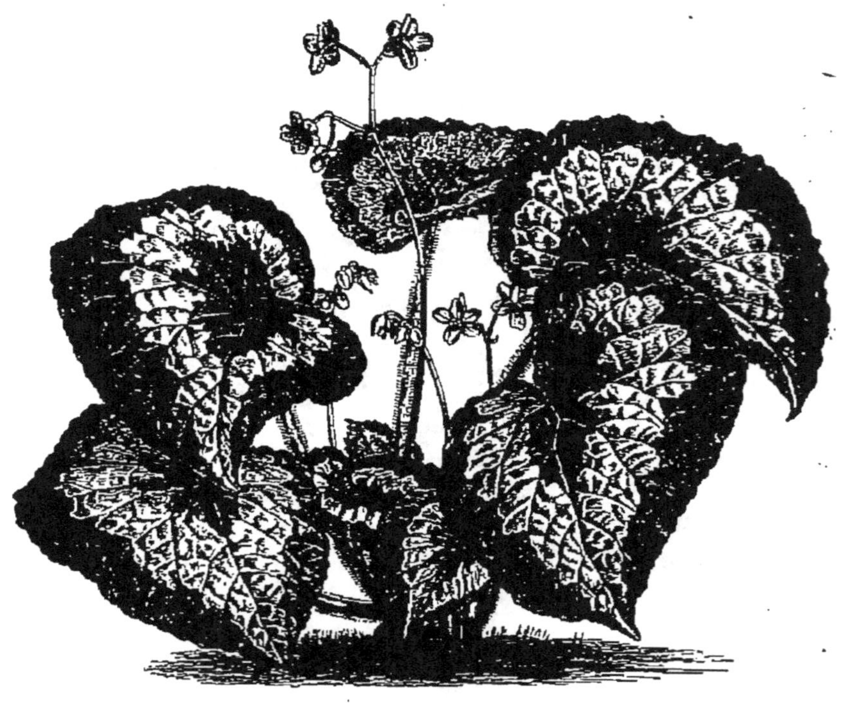

Fig. 22. — Bégonia rex.

dans un salon où le jour n'arrive point.... Au lieu de
cette humidité bienfaisante qui les sature, il leur
donne des arrosements immodérés qui les noient, ou
bien il les laisse souffrir d'une sécheresse qui les
brûle..... Ah ! les marchands n'ont pas besoin d'em-

poisonner leurs plantes pour les faire mourir vite !

D'autres fois, les pots qui renferment les végétaux étaient enfoncés dans une couche, bien abrités du hâle et du froid. Tout à coup l'acheteur les place dans un courant d'air, au froid, au sec, que sais-je? Il ne prend aucun soin de savoir si la nouvelle position qu'il donne à la plante lui convient. Il s'inquiète si la

Fig. 23. — Cyclame de Perse.

plante fait bien là.... C'est tout ce qu'il faut. Elle meurt ! c'est la faute du marchand !

Autant qu'on le pourra, il sera toujours prudent de replacer dans les appartements les plantes dans des conditions analogues à celles où elles ont été élevées chez les fleuristes. Ce n'est pas toujours aisé, mais c'est là où il faut s'ingénier; c'est là où se

montre la supériorité de la maîtresse de maison in-
telligente....

Si les pots étaient enfouis à même la terre, on les
replacera, chez soi, dans des jardinières grandes,
spacieuses et très-remplies de terre; on ne couvrira
la surface de mousse tassée qui s'opposera à l'évaporation. Mieux vaudrait encore cultiver à cette surface,
de petites plantes naines couvrant bien la terre,
comme certains *Lycopodes*, entre autre le *L. denticulé*
(*Lycopodium denticulatum*) ou *Selaginelle* de notre
pays; ou bien le *L. stolonifère* ( *L. stoloniferum*) du
Brésil, un peu plus grand que l'autre, mais suppor-
tant aussi bien que lui l'intérieur des appartements.

On pourrait essayer aussi plusieurs *Sedums*. Le *Sedum carneum*, à feuilles panachées, est chinois, mais
s'arrangera parfaitement aussi de l'appartement. Cependant, nous n'avons pas besoin d'aller si loin chercher ces charmantes plantes, nous en trouverons au
moins deux aussi jolies sur nos vieux murs, c'est le
*S. acre* ou *Orpin des murailles*, et le *S. dasyphyllum*
ou *Sedum à feuilles épaisses*. Celui de Chine fleurit en
étoiles jaunes dorées : le premier, de France, jaune
vif, et le second blanc.

Nous allions remercier M. Rivière des indications
précieuses qu'il venait de nous donner en parcourant
les serres du Luxembourg, lorsqu'il nous montra
deux autres plantes indigènes qui produiraient également un charmant effet en couvertures de jardinières. Ce sont : la *Linaria cymbalaria* ou *Cymbalaire*,

plante-miniature à feuilles rondes échancrées qu'on trouve entre les pierres des murs, sur les berges de la Seine et en beaucoup d'endroits. Cette plante couvre parfaitement le terre. Puis, la *Campanula hederacea* ou *Mühlenbergia*, petite campanule à feuilles de lierre qui lui est venue des environs d'Alençon (Orne) avec les Sphaignes des marais. Cette petite plante, indigène et rustique comme les précédentes, fleurit bleu en clochettes, couvre admirablement le sol et est une vraie conquête pour les suspensions dont nous parlerons plus loin.

Toutes ces plantes prennent très-aisément de boutures; de plus, les Lycopodes s'enracinent à toutes leurs articulations. Seulement, il faut ici consigner une remarque importante, c'est que toutes ces plantes courantes absorbent une grande quantité d'eau pour leur croissance et leur entretien, d'où résultera que de deux jardinières égales, l'une à terre couverte de mousse sèche, l'autre garnie de petites plantes vivantes, la seconde exigera le double d'arrosements que la première. Cela n'offre pas grand inconvénient, car l'aspect de la seconde est beaucoup plus gracieux. On le voit, tout se réduit en somme à de bien petits soins, mais dont les résultats sont presque toujours charmants.

## § 3. — Composition des différents sols.

I. Pour les *Fuchsias* (fig. 24) :

Compost formé de :

Un quart de terre franche ;

Un quart sable siliceux ou terre de bruyère ;

Un quart terreau de feuilles ;

Fig. 24. — Fuchsia globosa.

Un quart engrais un peu riche, comme l'un de ceux-ci : *guano, poudrette, vieilles couches.*

Ce compost parfaitement mélangé sera préparé au

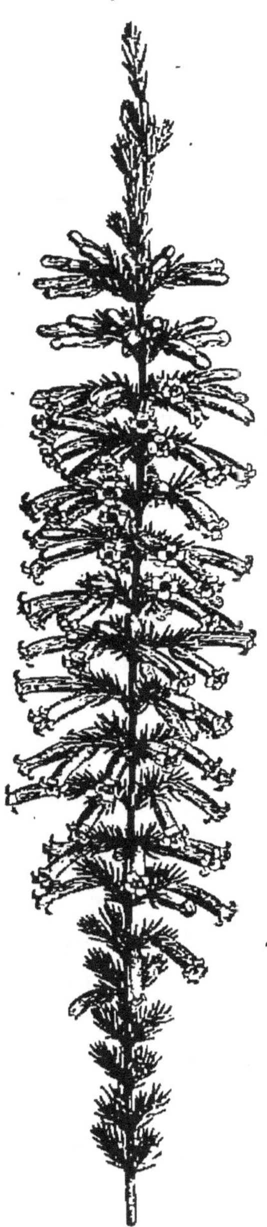

Fig. 25. — Erica cylindrica.

moins un mois d'avance et mûrira ensemble. Remuer de temps à autre pour hâter la formation des nitrates.

II. Pour les *Ficoïdes :*

Terre légère siliceuse et mêlée de graviers. Ajouter à la terre un peu de poussière d'os, de noir animal ou de guano en poudre.

Peu d'eau en temps ordinaire, beaucoup pendant la végétation et la floraison.

III. *Bruyères* (fig. 25), *Cactus, Camélias, Cinéraires, Myrtes, Sedums, Rhododendrums, Azalées, Epacris, Hortensias, Éricacées :*

Terre de bruyère pure.

IV. *Calcéolaires.*

Moitié terre de bruyère.
Moitié terreau de feuilles.

V. *Géraniums.*

Un tiers terre franche.
Un tiers terre de bruyère.
Un tiers ter-reau de feuilles ou un tiers { Fumier Pou-drette } bien tamisés.

3.

**VI.** *Grenadiers, Lauriers-roses.*

Moitié bonne terre de potager.

Moitié terreau gras.

**VII.** *Plantes grasses, Cactus.*

Moitié terre de bruyère.

Moitié terre franche.

**VIII.** *Orangers.*

Un quart terre de bruyère.

Un quart terre franche.

Un quart bonne terre de potager.

Un quart terreau gras.

**IX.** *Toutes plantes fines, annuelles, ou vivaces.*

Un quart terre de jardin.

Un quart terreau gras provenant de vieilles couches.

## § 4. — Semis.

Nous avons fait remarquer (chap. II, § 1) que les graines contenaient une plante déjà toute organisée, mais très-réduite et ne demandant qu'une occasion propice pour rompre son enveloppe et apparaître à la vie indépendante. Semer les graines est donc une opération qui a pour but de soumettre ces organismes aux trois influences que nous avons reconnues nécessaires : la chaleur, l'air et l'humidité.

Il est toujours bon, lorsqu'on en a un assez grand nombre, de s'assurer, en en sacrifiant une, que les graines que l'on va employer sont bonnes et contiennent un embryon vivant. Aussi l'on rejettera celles dont les enveloppes sont vides ou dont l'embryon est moisi, rance, ridé ou séché. N'oublions pas ce que nous avons dit plus haut, que le temps était extrêmement variable que mettait chaque famille de plantes et même chaque espèce à montrer ses petites feuilles hors de terre.

Les graines devront, en général, être d'autant moins enterrées profondément qu'elles sont plus fines, et que, dans des circonstances égales, la terre sera plus légère et mieux pulvérisée. Comme règle moyenne, on peut enterrer à 3 ou 4$^{mm}$ celles qui ressemblent aux semences de pavot, et de 15 à 20$^{mm}$ celles de la grosseur d'un grain de blé : celles de la grosseur d'un pois ou d'un haricot ne craignent pas 25 à 30$^{mm}$. Mais, au delà de 40$^{mm}$, la graine se trouve trop soustraite à l'action de l'air, à celle de la chaleur solaire. Il ne faut jamais oublier que les graines, une fois semées, doivent être tenues constamment humides, mais non mouillées.

Pour les jardins que l'on se bâtit sur les fenêtres, balcons, terrasses ou dans les salons, les semis n'occupent jamais que les surfaces très-restreintes de quelques terrines ou caisses de petites dimensions : leur conduite n'en demande que plus de soins, par suite précisément de la facilité du desséchement qui peut survenir au commencement de la germination et tout faire périr. La terre et le sable très-fin se prêtent bien à la levée des plantes délicates, ces matières sont en outre très-accessibles à l'air, mais par cela même dangereuses par leur desséchement très-rapide.

Il ne faut pas oublier, pour les semis de plantes délicates que nous voulons faire dans les jardins d'appartements, que la température est une condition très-importante et qui influe extrêmement sur la sortie des graines délicates que l'on traite seulement dans ces conditions. Nous en avons dit un mot très-vrai, à propos des palmiers (chap. II) que l'on peut essayer d'obtenir au moyen de graines reçues de pays étrangers. Ce que nous avons écrit sur ces belles plantes doit

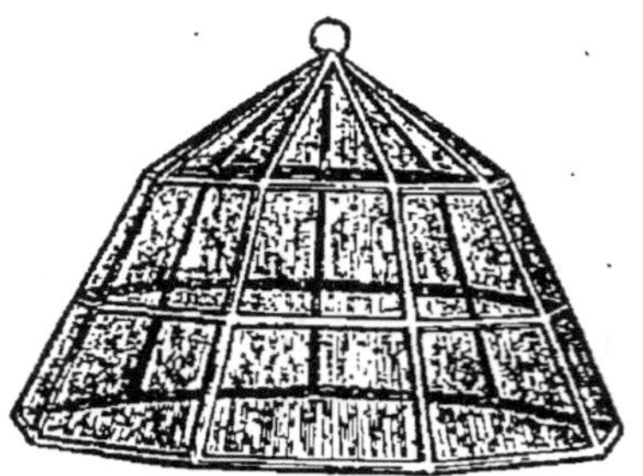

Fig. 26. — Cloche maraichère.     Fig. 27. — Verrine ou cloche à facettes.

être également mis en pratique pour toutes les autres, et si la saison, si le soleil du pays ne suffisent pas pour donner à la terre une chaleur convenable, il ne faut pas hésiter à recourir à la chaleur artificielle. Dans ce cas il est bon de se servir du thermomètre pour s'assurer que la température de la terre monte de $+22°$ à $+30°$.

Ces moyens, dans un jardin, pourraient être des couches chaudes, des cloches de verre (fig. 26, 27) concentrant les rayons du soleil. Ces dernières peuvent, même dans les appartements, rendre des services quand le soleil voudra bien se montrer : dans le cas contraire, il faudrait faire partager la place de sa serre à bouture à ses pots à semis. (Chap. III, § 5.)

Nous n'avons point à donner de méthode pour répandre des graines sur une surface aussi limitée qu'une terrine (fig. 15). La seule précaution à prendre est de ne point les serrer trop près les unes des autres, parce que les plantes ne prennent plus, même dans leur première station nourricière, un développement suffisant. Semer clair vaut toujours mieux.

Les semis se font la plupart du temps au printemps. D'autres, cependant, en plantes exotiques, se font à l'automne, dès que les graines sont mûres. Ceux-là sont les plus difficiles à sauver, puisqu'il leur faut traverser un hiver. Nous engageons toujours nos amis à mettre ces terrines *en pension* dans une bonne serre, pour attendre la saison favorable.

### § 5. — Boutures.

Dans le règne végétal, chaque plante, au sujet du bouturage, a, pour ainsi dire, *sa manière,* sans que l'on puisse se rendre parfaitement compte pourquoi l'une réussit et l'autre non. La même chose se passe à l'égard du marcottage. Il est des plantes qui possèdent au plus haut degré la propriété de former des racines sur les plus petits fragments de leurs branches, de leurs feuilles, etc.; il en est d'autres, revêches, pour lesquelles il faut user d'artifices plus ou moins compliqués; il en est d'autres, enfin, qui se refusent tout à fait à ce mode de reproduction.

Les éléments nécessaires à la réussite d'une bouture dont le végétal n'est point réfractaire sont les mêmes que l'on requiert pour le prompt et bon développement des graines : la chaleur, la lumière et l'humidité. Cependant, l'excès est un défaut dangereux en ces trois choses. Trop de chaleur exalte les organes et la vitalité est épuisée avant qu'ils soient assez forts; trop peu, la bouture dort et meurt. Trop de lumière active l'évaporation, la bouture sèche; pas assez, la matière ne s'organise pas. Trop d'humidité, la bouture pourrit; pas assez, elle s'épuise et meurt.

Le bouturage des plantes de serre peut se faire en toute saison, mais on le réussit surtout en automne et au printemps. A la fin de l'hiver, les plantes ont déjà développé, soit par la chaleur artificielle, soit par la chaleur du soleil, des pousses de $0^m,15$ à $0,20$. On les détache de la branche (fig. 28), et on les plante, une à une, dans des pots de 3 à 4c. pleins de terre de bruyère et de sable siliceux; on arrose fortement et on couvre d'une cloche en verre. Il

Fig. 28. — Bouture de verveine.

leur faut de + 18 à + 20° soit dans une serre, soit sous une couche chaude.

Aux mois de juin et juillet, à la chaleur naturelle on peut faire les mêmes boutures en les couvrant d'une cloche après qu'elles sont arrosées convenablement. Une fois enracinées, on peut les mettre à demeure dans des pots beaucoup plus grands, pour avoir le moins de rempotages possible; c'est le cas alors d'employer de l'engrais liquide.

Fig. 29. — Bouture de rosier, avec tronçon de rameau très-court.

De même qu'il n'y a point, en quelque sorte, de saison privilégiée pour faire des boutures, — puisque c'est une opération purement artificielle et qui peut se faire en tout temps, — de même il ne peut y avoir de règles fixes pour ces opérations qui sont aussi variables que les plantes sont différentes. Cependant, comme les nombreuses plantes d'appartement appartiennent aux régions chaudes de la terre, on peut presque partir de ce principe pour n'essayer de la bouture qu'avec une chaleur suffisante.

Pour la germination, comme pour la multiplication, les plantes ne font, pour ainsi dire, aucune transaction. Elles viennent des pays chauds, il leur *faudra* leur température d'enfance, pour lever, pour leur croissance; hors de là, point de salut. Quand elles sont grandes, on dirait qu'elles laissent s'établir entre elles et l'homme un compromis : « Je pousserai un peu moins bien, je fleurirai un peu moins belle, mais, pour n'avoir pas toutes mes aises, je n'en vivrai

Fig. 30. — Bouturé de rosier avec tronçon de rameau un peu long.

pas moins, tant bien que mal! » Au contraire, quand il est question de reproduction, la nature ne fléchit point. C'est l'homme qui est obligé de se soumettre!

Pour disposer d'une chaleur convenable, on construit de petites serres chaudes à boutures, à semis, qui se composent d'une capacité chauffée en-dessous par une ou plusieurs petites lampes ou quelques jets de gaz. Les boutures ou semis sont plongés, avec leurs pots ou godets, dans la terre chauffée; une ou plusieurs cloches (fig. 26 et 27) couvrent l'appareil et concentrent la chaleur.

En général, il faut d'autant plus étouffer que les plantes sont d'une reprise plus difficile et plus délicate. On étouffe en couvrant la cloche pour donner un jour très-tamisé et garder dessus une température chaude, humide, d'autant moins aérée. Ces petites boutures sont presque absolument privées de renouvellement d'air. Lorsque les plantations sont prises, il faut les aérer peu à peu, avec beaucoup de précautions, jusqu'à les rendre rustiques. C'est un écueil pour les jardiniers maladroits.

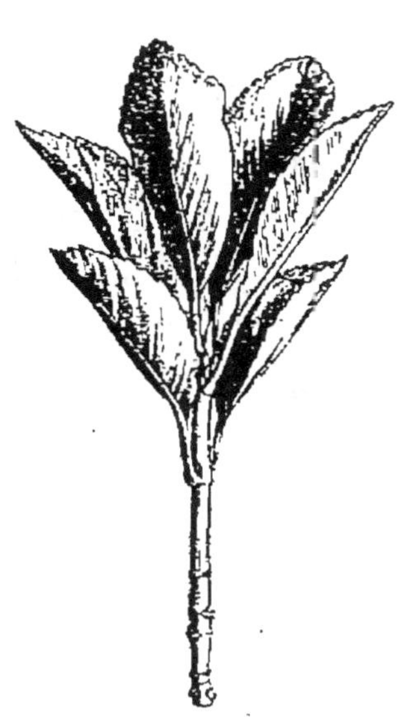

Fig. 31. — Bouture de rameau avec bourgeon terminal.

Les boutures de rameaux herbacés (fig. 28) se peuvent faire pendant toute la durée de la période active de la végétation ; celles des rameaux ligneux avec feuilles, pendant la première moitié de l'automne. Il faut que les rameaux soient bien aoûtés dans ce cas. On bouturera pendant l'hiver les Lauriers-roses, les Tamarix, les Saules, etc.

## § 6. — Plantation.

*Plantation* ou *repiquage* sont synonymes dans notre culture si restreinte des fleurs d'appartement. Avant tout, il faut faire attention que le drainage du pot

Fig. 32. — Plantoir.

soit établi avec tout le soin possible : le pot étant plein de terre, on prend un plantoir (fig. 32) ou un morceau de bois pointu, ou son doigt, on l'enfonce dans le sol, puis on dépose la plante dans ce trou en ayant bien soin que les racines ne soient pas repliées en l'air. Cela fait, on foule la terre autour des racines, on arrose èt on ombrage jusqu'à la reprise. Si la terre était très-sèche, ce qui arrive quelquefois, il faudrait arroser un peu avant de planter.

## § 7. — Greffes et marcottes.

Je ne voudrais pas répondre que la greffe sera souvent employée dans les appartements à la multiplication des plantes que nous aimons à y conserver, cependant il n'est point déplacé d'en dire quelques mots. La greffe, qu'on ne l'oublie pas, a pour but de souder un végétal ou une portion de végétal sur une autre qui lui servira de maintien et le nourrira désormais. C'est, sans contredit, la plus curieuse opération que l'homme ait imposée au règne végétal, et l'une de celles qui ont le mieux affirmé son empire.

En somme, dans l'appartement, la greffe la plus facile à appliquer, sera, pour les plantes ordinaires, l'écussonnage ; pour les plantes grasses, la greffe en fente.

Pour les plantes grasses rien n'est plus facile. On étête celle que l'on veut prendre comme *sujet,* puis on la fend, et on entre dans la fente une petite branche de celle que l'on veut y joindre, en mettant un peu à nu les deux faces qui porteront dans la fente. On consolide avec quelques tours de laine filée, on couvre la fente de cire ou de mastic *Lhomme-Lefort* et on laisse pousser.

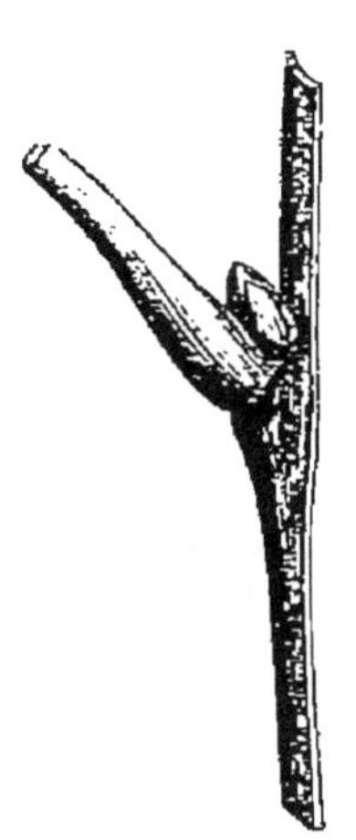

Fig. 33. — Écusson d'automne.

Fig. 34. — Incision en T sur le sujet, pour y placer l'écusson.

Fig. 35. — Incision ouverte prête à recevoir l'écusson.

Quant à l'écusson que l'on lève et pose sur les rosiers ou sur beaucoup d'autres plantes, voici comment on s'y prend (fig. 33, 34 et 35) :

Il faut faire choix d'un jeune rameau de l'arbre ou
de la plante à transporter qui soit assez en sève pour
que l'écorce se détache facilement de l'aubier. On fait
choix d'un œil bien vif et bien développé, et, en cernant l'écorce s'il est nécessaire, on enlève au moyen
d'un couteau bien tranchant le lambeau allongé qui
contient l'œil, en laissant attenir en dedans une très-

Fig. 36. — Couchage simple ou provignage.

mince couche d'*aubier*. Si l'on peut enlever le bois
sans enlever l'œil de l'écusson, tout est pour le mieux.
Si au contraire, on voit une lacune ou une cavité
correspondant à l'œil, l'écusson est dit *borgne* et ne
vaut pas grand'chose, car il laisse rarement se former
un autre œil.

On peut aussi enlever les écussons en cernant d'a-

bord, puis en faisant passer de haut en bas, entre l'é-
corce et l'aubier, un fil de soie ou un crin.

Pour faire une marcotte (fig. 36) on prend une branche souple que l'on couche en pot en l'arrêtant ainsi,
et faisant ressortir l'extrémité de la branche de la terre
sans la briser. Quelquefois on fend le coude, on en
détache un éclat, etc. Cette méthode de multiplication est plus longue et plus embarrassante que la bouture, mais elle réussit à coup sûr, et elle réussit surtout sur des végétaux qui sont rebelles à tout autre
moyen. Elle est donc d'un grand secours. Elle se fait
le plus ordinairement dans les mois d'été.

## § 8. — Binages et sarclages.

Tous les vases dans lesquels sont plantés des végétaux voient leur surface se tasser et se durcir. Dès lors
les plantes souffrent, l'air ne parvient plus aux racines, l'évaporation ne se fait plus : il faut remédier à cet
état de choses.

C'est le but des binages, qui ameublissent et entre-
tiennent meuble la surface de la terre.

Dès que, dans les espaces confinés comme les récipients des plantes d'appartement, la terre est épuisée, il faut la renouveler. Quand on ne la croit que
fatiguée, il faut lui donner des engrais.

Il est nécessaire, avant tout et toujours, que le sol
demeure perméable aux arrosements et aux influences
atmosphériques qui agissent sans cesse sur lui.

Nous employons de petites truelles, serfouettes (fig. 37) ou racloirs (fig. 38), pour tous ces travaux.

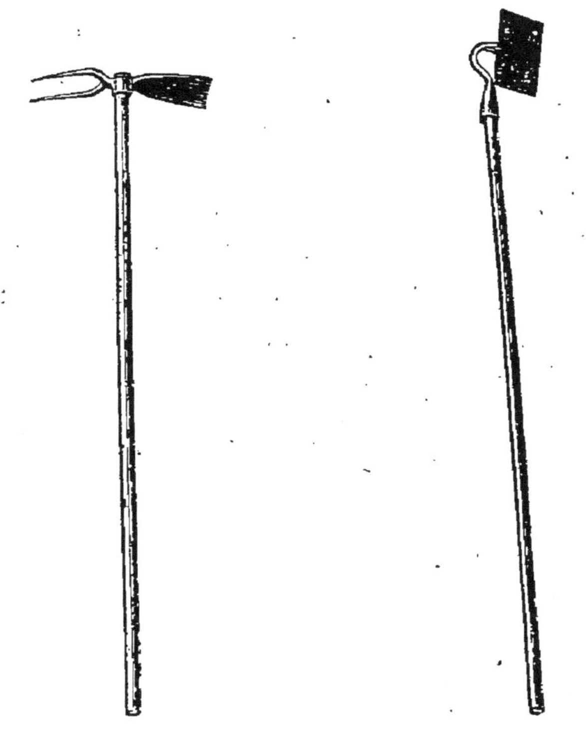

Fig. 37. — Serfouette.             Fig. 38. — Ratissoir.

Les sarclages consistent à arracher les plantes adventices qui pourraient lever dans les pots. Nous ne devons pas supposer qu'il y en poussera jamais !...

## § 9. — Taille et palissage.

Tous les végétaux abandonnés à eux-mêmes dans un endroit et un sol qui leur conviennent, prennent un certain développement, une certaine forme qui dépend de leurs conditions propres d'existence. Cette forme est typique et toujours analogue, à moins que les conditions de sol, etc., ne varient beaucoup. On a donc recours à la taille et au palissage, en s'aidant de supports pour amener les végétaux à présenter des formes ou commodes ou gracieuses, suivant ce que l'on désire.

La taille est une opération qui ne se fait jamais au hasard et s'exécute d'après la connaissance exacte et raisonnée des phénomènes végétaux. Elle prend les noms différents de *émondage, élaguage, tonte, écorçage* ou *étêtage, récépage, pincement, ébourgeonnement*, suivant les différentes parties du végétal sur lequel elle porte particulièrement. Il ne faut jamais perdre de vue que la suppression d'une partie d'une plante a pour effet immédiat de faire refluer la sève sur les parties voisines et d'en *provoquer le développement*.

La taille se pratique également sur les racines, trèsfacilement pour les plantes en pot. Quand on rempote, on a une occasion bien naturelle d'établir un nouvel équilibre entre les racines elles-mêmes, ou entre les racines et les branches qu'il faut bien se garder de négliger.

On a tort de tondre sans soin et presque sans y regarder les mottes que l'on sort des vases, — ce que les jardiniers appellent *habiller*, — et ce qui est souvent une méthode absurde à tous les points de vue, et qui ne doit rien avoir d'absolu.

Nous n'avons pas à nous étendre longuement, pour les plantes d'appartement, sur le palissage et ses diverses opérations. Il a été de mode, dans un temps, de soumettre beaucoup de végétaux à des formes plus souvent bizarres que réellement belles ; aujourd'hui, on est revenu à des principes plus simples et plus conformes à la nature des plantes. On demande à celles-ci une certaine forme moyenne, gracieuse, en général plus rapprochée de la forme naturelle du végétal que de toute autre, et l'on a bien raison : le reste est du temps perdu et de l'enfantillage.

En général, on laisse les plantes sarmenteuses et grimpantes pendre souvent en festons gracieux autour des suspensions : quelquefois on les maintient contre un treillis. C'est tout ce que nous avons à étudier pour les plantes de balcon, de terrasse et d'appartement.

Les treillages les plus commodes sont en bois finement refendu et peint : on fait maintenant souvent usage seul de treillis de fil de fer galvanisé, en mailles plus ou moins grandes.

On emploie, pour maintenir les plantes contre le treillage, des brins de jonc plus ou moins fins et mouillés, d'osier, de fibres végétales, quelquefois de laine filée, pour les plantes délicates. Notre palissage n'est jamais soumis à d'autres règles que l'élégance, tandis que celui des arbres fruitiers constitue une science du plus haut intérêt. Nous n'avons à faire état que d'un principe, c'est que le palissage doit

équilibrer autant qu'il est possible toutes les parties de
l'arbre et veiller à ce qu'il ne se dégarnisse pas par
le pied, afin que tout le mur soit couvert.

### § 10. — De l'eau : arrosage.

Il ne faut pas se dissimuler que, maintenir des plantes dans un appartement, c'est les introduire dans un
milieu *contre nature*. Il faut avoir toujours cette vérité
élémentaire présente à l'esprit, et traiter un peu ces
pauvres organismes dépaysés comme on traite volontiers les oiseaux en cage. Personne, dans ce dernier cas,
ne manquerait à s'efforcer d'apprendre quels soins il
convient de prodiguer aux charmants prisonniers,
pour les maintenir en bonne santé et prolonger leur
existence. Au lieu de cela, la plupart des dames qui
aiment à voir autour d'elles des plantes dans leur
appartement, ne pensent à leurs fleurs que fort irré-
gulièrement, et ne les soignent sérieusement que par
boutades intermittentes.

Or les plantes, tout comme les oiseaux, ont besoin
de soins continus.

Les soins que nous réclamons ici sont très-simples,
et ne demandent pas beaucoup de temps; mais encore
faut-il en apprécier l'importance, en comprendre la
portée et en accepter la continuité! C'est pour cela
que nous avons pensé à consigner ici quelques réflexions rapides.

4

Ce qui nuit aux plantes, c'est de ne pas pouvoir parler.

Lorsqu'un oiseau manque d'eau ou de graines, son agitation décèle ses besoins; il appelle, il demande; c'est là une chance pour que sa gracieuse maîtresse répare un oubli involontaire.

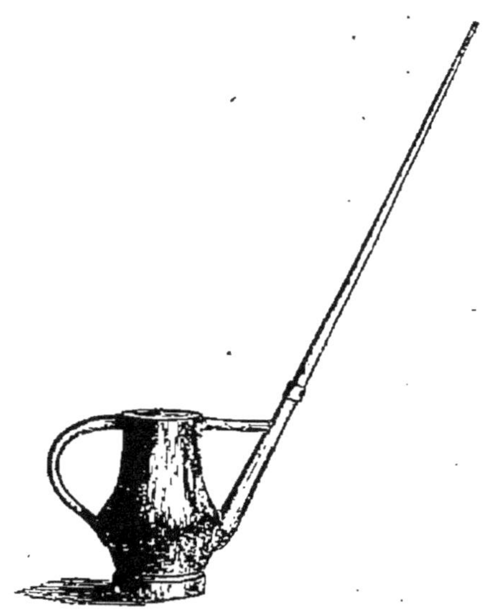

Fig. 39. — Arrosoir à bec.

Mais, la pauvre plante, elle, ne dit rien : elle souffre en silence. Elle manque d'air, elle se flétrit, laisse pencher ses fleurs, tomber ses feuilles, et, le lendemain, lorsque la maîtresse de la maison s'aperçoit du dommage, elle déclare le plus souvent que cette fleur est *finie*.... elle la fait emporter et la sacrifie, sans se douter que si la fleur est morte, c'est elle qui l'a tuée ; que si elle l'eût soignée, cette pauvre fleur eût encore longtemps empli le salon de sa douce odeur, ou réjoui les yeux de sa corolle brillante....

La seule difficulté vraiment sérieuse dans le traitement des plantes d'appartement, c'est l'arrosage (fig. 39).

L'eau, c'est la vie, c'est la nourriture, c'est le bienêtre ! Mais combien faut-il donner d'eau ? Comment en déterminer la proportion ?

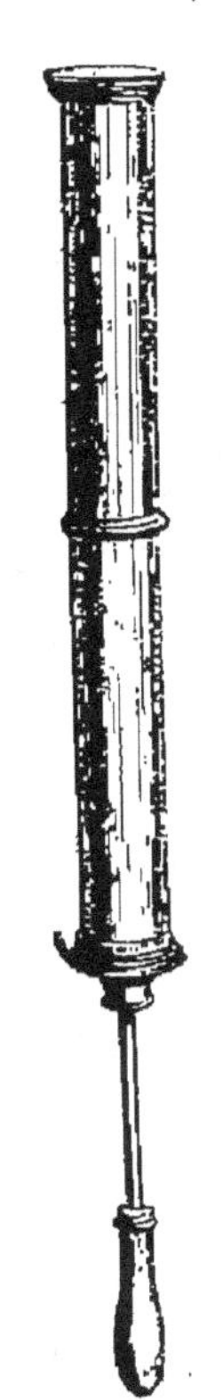

Cela est impossible à dire, non-seulement parce que certaines plantes ont besoin de beaucoup plus d'eau que d'autres, mais parce que cela dépend de mille circonstances qui provoquent et accélèrent plus ou moins le desséchement. Tout le monde comprendra que la température plus ou moins élevée, la présence de courants d'air plus ou moins intenses accélèrent ou ralentissent l'évaporation. Il faudra donc tenir compte de ces modifications.

Occupons-nous donc de ce que nous pourrions appeler une plante moyenne. Le principe est que la terre soit toujours fraîche, jamais humide ou imbibée, à moins que nous n'ayons affaire à une plante aquatique. Cette qualité de fraîcheur se juge assez facilement par ce que l'on peut voir dans une serre bien tenue, mais est impossible à expliquer convenablement. En général, il faudra donner de l'eau tous les jours.

Fig. 40.
Seringue de
jardin.

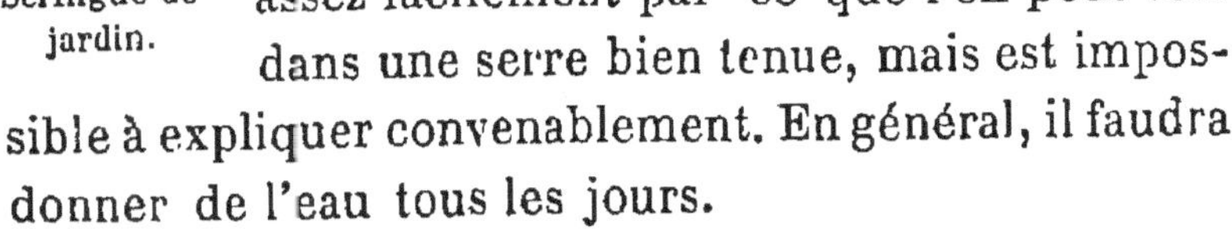

Pour que l'arrosage soit efficace — en supposant le végétal bien planté, et nous y reviendrons, — il faut qu'un peu d'eau sorte par le trou inférieur du pot. Si la surface de la terre est seule mouillée, ce traitement ne profitera point aux racines. En effet, tout le monde sait que les racines les plus nouvelles, les plus tendres, les plus actives par conséquent, sont au fond du vase dont elles tapissent les parois. Ce sont celles-là qui absorbent l'humidité et la transmettent à la plante, ce sont donc celles-là qu'il faut abreuver.

Malheureusement, la plupart des dames ne pensent à donner de l'eau à leurs plantes que quand celles-ci sont fanées ou sur le point de se flétrir. Alors, trop souvent on les inonde, comme pour rattraper le temps perdu.

Rien n'est plus funeste aux végétaux, rien n'explique mieux la mortalité de ceux qu'on renferme la plupart du temps dans nos maisons, rien ne rend mieux compte de l'air de souffrance qu'ils contractent, du rachitisme de leurs feuilles, et du peu d'éclat et de développement de leur floraison.

Ce n'est pas tout : pour vivre, une plante a besoin de respirer, tout comme un animal. Elle respire par ses feuilles, par ses parties vertes, à la surface desquelles s'ouvrent des organes spéciaux qu'on appelle des *stomates* et où se passent de curieux phénomènes (fig. 41).

A la lumière, au soleil, les plantes absorbent de l'acide carbonique — le même que nous rendons par notre respiration ; — elles fixent dans leurs tissus le *carbone*, —

que nous y retrouvons, à leur mort, sous forme de *li-gneux* et que nous transformons en *charbon*, — et ex-pirent l'oxygène dont, nous, nous avons besoin pour vi-vre. Les fleurs, au contraire, elles, expirent de l'acide carbonique, ce qui explique pourquoi leur présence est si dangereuse dans les chambres où l'on couche, et où elles peuvent parfaitement déterminer l'asphyxie des dormeurs. Ce fait ne s'est produit que trop souvent.

Ces considérations physiologiques expliquent pour-quoi les plantes exigent impérieusement du jour, beaucoup de jour, et de la lumière. Le soleil doit être ménagé cependant, d'autant qu'il est plus vif et que les plantes confinées n'y sont pas exposées constam-ment. Les coups de soleil sont aussi dangereux pour les plantes que pour les hommes ; mais l'action mé-nagée de l'astre vivifiant est aussi féconde chez les unes que chez les autres.

Nous devons donc distribuer rationnellement à nos prisonnières les trois principes dont elles vivent : l'eau, l'air et la lumière.

De ce que les stomates (fig. 41), à la surface des feuilles, sont nécessaires

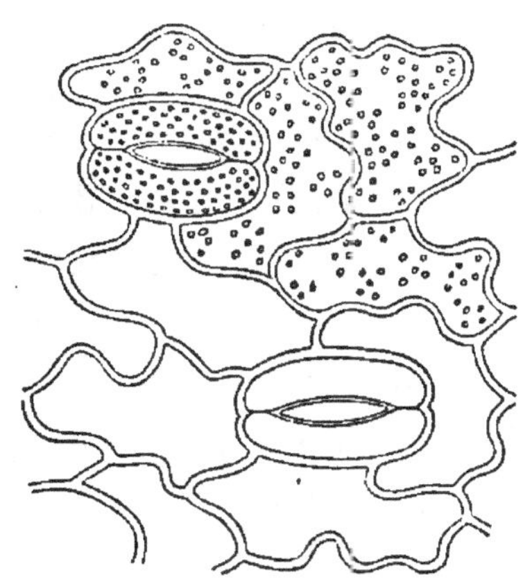

Fig. 41. —. Stomates.

pour la respiration des plantes, on peut conclure que ces stomates devront être tenues constamment libres.

On y parvient en lavant souvent, au moyen d'une éponge mouillée, les feuilles des plantes enfermées dans nos demeures. Sans cette précaution, la poussière s'accumule, s'insinue et ferme toutes les ouvertures. La plante souffre et meurt.

Nous examinerons plus loin s'il convient de conserver les plantes en pot ; quelles devraient être les conditions de ces vases, et autres questions qui s'y rattachent : ici, nous ne voulons constater qu'une chose, c'est qu'en raison du volume, relativement très-restreint, de terre mis à la disposition des plantes d'appartement, il peut être convenable d'en augmenter la fertilité par des arrosages contenant des matières spéciales. Nous donnerons sur cette méthode des renseignements suffisants (chap. IV), mais nous les complétons ici à propos des arrosages simples, sur lesquels plusieurs personnes nous ont déjà demandé des renseignements.

Tant qu'on laisse les plantes dans leur pot, un excellent moyen consiste à tremper complétement dans l'eau le pot et la plante qu'il contient, plus ou moins de temps, selon qu'on le suppose nécessaire. Une ou deux minutes suffisent grandement : laisser égoutter et remettre en place. La terre n'est point tassée par l'eau, ni ravinée inégalement par le jet de l'arrosoir.

En hiver, quand il gèle, on fera toujours bien de ne pas laisser les jardinières passer les nuits auprès des fenêtres près desquelles elles séjournent pendant la journée, parce que dans ces endroits la température

s'abaisse bien plus qu'ailleurs. On les retire dans l'intérieur des appartements quand vient le soir, et là, on

Fig. 42. — Chamædorea aurantiaca.

court beaucoup moins de danger de gelée ou d'abais-
sement trop grand de la température.

N'est-il pas utile, maintenant, de donner à nos lectrices une liste, nécessairement fort incomplète, mais cependant intéressante, des plantes qui s'accommodent de l'atmosphère confiné de nos appartements? Nous fesons remarquer que nous ne parlons pas de *fleurs*, ni d'*arbustes*, ni de *plantes en fleurs*, mais surtout de *végétaux* qui, par leur port et leur feuillage élégant, prê-

Fig. 43. — Feuille flabelliforme du palmier nain.

tent un charme toujours nouveau aux salons, et peuvent y vivre longtemps.

Tout le monde connaît le *Ficus elastica*, ou caoutchouc, qui doit à ses belles feuilles brillantes une vogue bien méritée ; le *Phormium tenax*, ou lin de la Nouvelle-Zélande, avec ses grandes et longues feuilles, plus élégantes que celles de l'*iris* de nos ruisseaux.

Ajoutons-y la *Myrsine* africaine, les *Dracænas* aus-
traliens, le *Curculigo* aux larges feuilles plissées si

Fig. 44. — Carludovica palmata.

gracieuses, les *Aspidistras* colorés, les *Bégonias*, les
*Myrtes* même. Puis toute cette grande et admirable

famille des palmiers. Citons au hasard : le *Chamæ-dorea* d'Amérique (fig. 42), les *Chamærops humilis* (fig. 43) et *excelsa*, avec leurs éventails de palmes étalées si rustiques ; les *Geonoma*, les *Jubæa spectabilis*, *Latania borbonica*, *Livistona*, *Pandanus* (fig. 44), *Phœ-*

Fig. 45. — Fuchsia fulgens.

*nix*, etc., etc. Nous venons d'en indiquer qui conviennent autant aux grandes pièces des habitations de province et de la campagne, qu'aux appartements parisiens si étriqués et si souvent étouffés ; enfin, nous renverrons pour les admirables effets produits par les *orchidées* au chapitre où nous en avons esquissé la culture.

Quelques remarques pour finir : les *Fuchsias* aiment beaucoup l'eau, veulent un arrosement fréquent et une atmosphère humide (fig. 45).

Mêmes soins pour les *Sauges exotiques*.

Les *Lobelias* aiment le même traitement et de plus une demi-ombre, etc.

## § 11. — Rempotage.

La pratique des rempotages successifs usitée en France est absolument abandonnée en Angleterre et avec juste raison, car elle est pour la plante une fatigue répétée tout à fait inutile. Il est bien certain que si ces rempotages sont pratiqués avec adresse, sans casser de racines, ils n'ont pour résultat bien sensible qu'un retard de quelques jours dans la végétation. On ne peut expliquer l'habitude des pots trop petits pour contenir la plante une fois adulte, que par l'exiguïté de nos serres, qui rend parcimonieux de la place, et permet de garder 3 ou 4 ans, en petits pots, une plante qui tiendra ainsi beaucoup moins de place que son développement complet ne l'exigerait.

Chez nos voisins, au contraire, on place la jeune plante au milieu d'un vase assez grand pour la contenir et la nourrir quand elle aura acquis tout son développement ; aucune des plantes ainsi traitées n'en souffre. Au contraire, leurs racines trouvant, dès le commencement, de l'espace pour s'étendre, deviennent plus fortes et plus vigoureuses; elles s'étalent normalement au lieu de se contourner dès le bas âge comme les nôtres. La santé générale de la plante y gagne.

On doit même adopter le système de la plantation dans un vase moyen, toutes les fois que le végétal en expérience est doué d'une croissance rapide et d'un feuillage très-abondant offrant une large surface d'évaporation aux sucs contenus dans les tissus de la plante.

Mais pour assurer cette longue station dans le même pot, il faut que le drainage de celui-ci soit très-soigneusement fait, et abondant. Il vaut mieux perdre un peu de place par bien drainer et en tenir compte dans le choix du vase, que se contenter d'un simple tesson insuffisant, sur le trou du milieu. Pour l'intérieur des appartements, où l'on demande surtout des végétaux bien portants et résistants, les plantes non rempotées seront toujours à préférer.

Nous sommes très-porté à enlever, tout simplement, les pots aux plantes à mettre dans les jardinières : la motte serait alors enfoncée avec précaution dans de la bonne terre de bruyère, bien tassée pour empêcher le ballottement. En respectant l'intégrité de la motte, ce ne serait pas une transplantation, et la végétation n'en ressentirait qu'une influence bienfaisante. D'ailleurs, de ce changement découlerait une des deux conséquences qui suivent.

Ou, la plante, trouvant autour d'elle une terre neuve lui convenant, végéterait vigoureusement, et le mal ne serait pas grand ; ou elle demeurerait stationnaire sans étendre ses racines. Dans ce cas même, elle serait bien, parce que la masse de terre qui remplacerait les parois du pot serait plus douce, moins sujette aux variations de sécheresse ou d'humidité, et, par conséquent, plus saine. Ajoutons à tout ceci un peu d'air et de lumière, et nous aurons réuni, à notre avis, un ensemble de conditions favorables.

Pour dépoter une plante, il faut la prendre sur la main gauche, en renversant le pot, de manière à soutenir la terre en laissant passer la tige, la tête en bas, entre les doigts. On frappe alors légèrement le bord du vase contre un objet solide, la motte sort toute entière, garnie des racines qui tapissaient le vase. S'il s'agit de replacer le végétal dans un vase plus grand, il faut enlever avec un couteau bien tranchant tout ou partie des racines extérieures et, plaçant la motte au milieu du nouveau pot sur de la terre qui l'amène assez haut, on remplit l'intervalle autour de la motte avec de la terre que l'on tasse fortement et avec soin. A chaque rempotage, un espace de 2 à 3 centimètres de large, tout autour, suffit. On a soin de donner ensuite un bon arrosage, afin que la terre neuve fasse bien corps avec l'ancienne. On tiendra la terre plus basse d'un centimètre que le bord du pot, afin de ne pas laisser déborder l'eau des arrosements.

Terminons ces recommandations par quelques conseils curieux que nous aurions pu joindre plus loin, aux réflexions sur l'exposition, mais que nous laissons ici dans leur entier. Nous les devons à notre ami, le savant M. J. Silbermann, du collége de France, et à la théorie des versants qu'il a exposée en 1872-74 à la Société météorologique.

Il a observé, en effet, que les plantes se peuvent diviser en *orientales* et *occidentales;* mais toutes les espèces florifères exposées au couchant voient leurs fleurs s'ouvrir difficilement et pauvrement : ces plantes ne développent guère que des feuilles vertes : la plante prend un air souffreteux et finit par dépérir. Il en est tout autrement au levant, qui est l'exposition favorable à la plupart des plantes et vers lequel sont tournées les plantes à feuilles caduques, les fleurs et les fruits.

Vers le couchant sont les arbres à feuilles persistantes, buis, cyprès, pins, chêne-liége, etc.

En somme, le N. E. et le S. E. sont bons ; les S. O., N. O., O., sont mauvais, même le S. S. O. En Navarre, on n'a ni tiges ni fruits ; c'est le royaume des plantes à feuilles persistantes.

# CHAPITRE IV.



### § 1. — Engrais naturels.

Quelle que soit l'abondance d'une matière définie en quantité, on l'épuisera toujours, en y prenant sans jamais y mettre. C'est ce qui arriverait vite pour la terre dans la nature, et bien plus vite encore pour la terre confinée dans un vase quelconque.

La végétation ne s'accomplit et ne prospère dans un milieu qu'en usant les diverses substances qui le composent : le rôle des engrais est de restituer ces matériaux qui sont entrés dans la composition des plantes nourries dans ce même milieu.

Sans doute la composition de la terre est elle-même un puissant élément de fertilité, mais l'adjonction des engrais est le seul moyen d'entretenir et souvent d'augmenter la fertilité d'une terre donnée.

Le premier et le plus naturel des engrais est formé par ce que l'on appelle le *fumier*, c'est-à-dire un mélange de pailles, ou autres matières végétales absor-

bantes, avec les déjections d'animaux herbivores. Pour
nos cultures tout à fait anormales, exécutées dans des
milieux confinés comme les appartements, le fumier
frais serait beaucoup trop chaud par sa première fermentation; dans les caisses à fleurs on n'emploie que
des engrais consommés, parce qu'il faut qu'ils soient
immédiatement assimilables. Les terreaux gras provenant des vieilles couches sont excellents pour notre
usage.

La colombine ou fiente de pigeon et d'oiseaux de
basse-cour, bien réduite en poudre, le guano peuvent
aussi nous servir d'engrais et d'excitants, mais il faudra toujours en user avec une extrême prudence et
en petite quantité, à cause de leur énergie. Ces corps
brûlent et détruisent souvent au lieu de vivifier.

### § 2. — Engrais artificiels et chimiques.

Grâce aux travaux du D$^r$ Jeannel, un véritable perfectionnement vient d'être réalisé, en appliquant à la
culture des fleurs d'appartement les expériences de
M. G. Ville sur les engrais chimiques. Une fois la
plante bien prise dans le vase où elle est placée, nous
ne savions que l'arroser selon ce que nous croyions
utile. Qu'en résultait-il? L'eau que nous versions la-
vait la terre, enlevait les parties solubles de l'engrais
et nous étions tout étonnés de voir la plante languir,
s'étioler et périr. Cette expérience est de tous les
jours : répétée, elle amène le dégoût et l'ennui....

Désormais nous possédons un moyen sûr, rationnel de nourrir nos plantes comme on nourrit un animal véritable, et, par suite, de les maintenir aussi long-temps que nous le voudrons dans leur plus florissant état de végétation.

Le traitement est des plus simples; mais, avant d'en donner les détails, n'est-il pas indispensable de nous rendre compte de ce qu'il importe de faire et du pourquoi on le fait? Au point de vue général, il faut bien se pénétrer que, dans l'ensemble harmonieux des êtres, les végétaux, quels qu'ils soient, représentent des intermédiaires entre le règne minéral et le règne animal. Qu'on n'oublie point que le règne minéral est la matière première de leur organisation, mais que, par contre, ils doivent devenir eux-mêmes la matière première de l'organisation animale. En d'autres termes, les végétaux se nourrissent de minéraux, les animaux de végétaux. Ce cercle immense comprend la nature entière qui nous contient.

Quelles sont, demanderez vous, ces substances minérales dont se nourrit la plante?

Nous ne pouvons entrer ici dans l'énumération trop longue des quatorze corps révélés par l'analyse chimique, il nous suffira d'indiquer que les uns viennent de l'atmosphère sous forme d'eau et d'acide carbonique, les autres du sol dans lequel ils sont puisés par les racines. Parmi ces derniers, citons la silice, la potasse, le fer, la chaux, etc.

Quant à l'acide carbonique, il est absorbé par les

feuilles et décomposé par elles sous l'influence de la lumière : alors elles laissent s'envoler l'oxygène, — ce principe indispensable à la respiration des animaux, — et déposent, dans les tissus de la plante, le carbone que nous y retrouvons plus tard, pour nous chauffer, sous forme de charbon.

N'oublions pas l'azote, extrait de l'air par certaines plantes et du sol par la plupart des autres, et qui joue, par ses composés, un des rôles les plus actifs et les plus importants de la végétation : ce sont les engrais qui l'apportent et le fournissent, ainsi que la plupart des principes indiqués tout à l'heure comme venant du sol.

On avait cru, jusqu'aux expériences de Boussingault, que la végétation exigeait une sorte de fermentation, une putréfaction lente, des principes décomposables apportés par le fumier. Mais, le jour où il a été prouvé que la plante absorbe purement et simplement les éléments minéraux qui se fixent en elle, on a compris tout de suite qu'il n'était point nécessaire d'ajouter au sol une matière putréfiable, et qu'il serait plus avantageux de mettre la plante à même d'absorber *directement* les aliments minéraux dont elle a besoin.

C'est ce que nous allons faire, maintenant que nous savons ce que nous voulons et ce que nous cherchons.

Voici les aliments demandés, à l'état solide et concret : nous les diluerons tout à l'heure pour les rendre plus faciles à digérer. Ils sont sous forme des sels

-suivants que nous mélangerons, car il faut qu'ils réagissent les uns sur les autres.

On les pulvérise tous pour commencer :

| | | |
|---|---|---|
| Azotate d'ammoniaque. | 400 | grammes. |
| Biphosphate d'ammoniaque | 200 | — |
| Azotate de potasse. | 250 | — |
| Chlorhydrate d'ammoniaque | 50 | — |
| Sulfate de chaux | 60 | — |
| Sulfate de fer | 40 | — |
| | 1,000 | grammes. |

Cela se trouve chez les pharmaciens et les marchands de produits chimiques, et cette quantité peut coûter 3 francs.

Ceci est donc la *nourriture* de nos plantes.

Il faut maintenant apprendre à la leur préparer. Ah ! cette cuisine est bien simple !

Mettons un *gramme* de ces matières dans un litre d'eau ordinaire. En conseillant 3 à 5 grammes, on dépasse une juste mesure et l'on voit, même en plein air, les plantes pâlir : cette altération du feuillage indique que l'on doit craindre de brûler tout à fait la plante, ce qui est arrivé à un de nos amis et à nous-même. Dès que l'on voit cet accident se manifester, il faut être très-prudent et dégager, au moyen d'un abondant arrosage d'eau pure, l'excès de substances fertilisantes engagé dans le sable ou la terre servant de point d'appui à la plante.

Chaque plante aura assez à manger quand elle aura

Fig. 46. — Rose trémière.

reçu 50 *grammes* de ce liquide par semaine. Tout votre litre suffit à 20 pots de fleurs ! Et encore des expérien-

Fig. 47. — Deutzia grêle.

ces récentes semblent nous démontrer que cette ration de nourriture ne doit pas être établie brusquement et tout d'un coup : elle brûlerait la plante. Il faut aller progressivement : commencer par 10 grammes de liquide, puis 15, puis 20, ainsi de suite jusqu'à la ration normale.

Or, faisons un petit calcul de ménagère ; 50 gr. de notre solution, au 1000$^e$, contiennent un 20$^e$ de gramme de sels : en un an, la plante aura donc mangé 1/20$^e$ de gramme, 50 de notre mélange ; mettons

Fig. 48. — Pensée des jardins.

1 *gramme* en chiffres ronds : la dépense de notre élève sera de 1 *centime* par an, au plus. Vrai ! ce n'est pas cher !

De terre, il n'en faut plus d'aucune sorte, car elle ne sert que de support aux racines. Vous pouvez la remplacer par du sablon, du verre ou du grès pilé, par ce que vous voudrez. Vous pouvez mettre la plante dans

un verre, un pot quelconque non percé. A quoi bon
un vase à fleurs ? une soucoupe? tout est absorbé.

Un fuchsia planté dans l'eau pure, au milieu d'un
bocal où le soutient un fil de fer, pousse en six semaines de 60 centimètres, et montre une végétation luxu-

Fig. 49. — Rose des peintres.

riante. Toutes les semaines on lui donne sa cuillerée
de nourriture, on entretient l'eau dans laquelle plonge
seulement l'extrémité des racines, et tout est dit !

Les *Pélargoniums*, les *Fuchsias*, les *Cinéraires*, les

*Calcéolaires*, les *Deutzia gracilis* (fig. 46), les *Althéas* (fig. 47), réussissent à merveille : ajoutons-y les *Agératums*, les *Pensées* (fig. 48), les *Violettes*, les *Reines-marguerites* (fig. 49), *Aloès*, *Arums*, *Rosiers* (fig. 50), etc....

# CHAPITRE V.

## BALCONS, TERRASSES, FENÊTRES.

---

### § 1. — Comment il faut disposer les pots, les jardinières, les corbeilles, etc....

Toute passion est envahissante de sa nature. On commence par admettre une couple de plantes au salon, deux ans après on en est assiégé ; elles envahissent jusqu'à votre piano !... qui, hélas ! ne s'en porte pas mieux et ne proteste qu'en faisant entendre les tintements lugubres des cordes qui cassent !

Une fois envahie, Madame, plus de remède ! Le démon du jardinage vous a saisi : il ne vous lâchera plus !

Ce que vous avez de mieux à faire, c'est la part du feu, sous la forme d'un gradin plus ou moins spacieux, plus ou moins orné, sur lequel vous étagerez vos amies..... avec serment de n'en pas souffrir une seule au dehors !! Serment d'ivrogne !! croyez-moi, elles descendront peu à peu dessous, elles sortiront peu à peu dans un coin par derrière, timidement,.... mais elles envahiront tout! Croyez en mon expérience.

Essayez d'opposer la jardinière à l'invasion. A peine formera-t-elle une digue, impuissante, hélas!

A mes yeux vous augmenterez plutôt l'incendie. Voici pourquoi : C'est que la jardinière — et c'est là son vrai mérite, — est une véritable miniature du parterre. C'est que l'on peut y cultiver tout de bon des plantes, les y voir naître, pousser, fleurir, fructifier..... on les y greffe, on les y bouture! que sais-je, on les y fait vivre!!.....

C'est à n'y pas croire, mais il y a toujours à voir, toujours à faire auprès de ces amies fidèles : il faut prévenir, deviner leurs besoins, y pourvoir..... Car, de soins délicats et sans cesse renouvelés dépendra leur progrès et leur réussite. Que de soins touchants; aération, arrosage, ombre, soleil! Et puis, quand on est plus habile : hybridation, création de types, etc....

Lorsqu'on possède une spacieuse jardinière, il faut l'exposer au jour d'abord. On peut l'adosser à un mur, et, sur ce mur, établir un treillage, ouvrage pour plantes grasses. Quant à nous, nous préférons limiter les dimensions de notre jardinière à celles d'une large fenêtre et la placer devant le jour, en la changeant de côté chaque matin, au moment de l'arrosement.

Nous avons indiqué dans un chapitre spécial (ch. V, § 5) ces nombreuses espèces de plantes grimpantes qui peuvent être choisies pour garnir le treillage. Dans la nôtre, il n'existe point de treillage et les plantes grimpantes n'y sont introduites que pour en sortir

aussitôt, en retombant et s'enroulant aux caprices en
fer qui composent le pied du meuble.

La jardinière dont nous nous servons tout l'été, dans
l'état où nous venons de la montrer, peut, à l'hiver,
recevoir un couvercle à vitrine mobile. On fait bien
de le monter en petits verres reliés en plomb ; on a
dans ce cas une charmante serre portative d'appartement dans laquelle on peut cultiver et multiplier les
plantes les plus délicates.

C'est le moyen de se procurer une charmante serre
de *Fougères,* comme en ont les Anglais, ou de faire
fleurir une jolie collection de plantes grasses variées.
( V. chap. VI, § 2.)

Un mot, avant tout, sur les dimensions moyennes
des jardinières. Il faudra toujours que leur caisse à
terre ait au moins $0^m,35$ de profondeur. La plus grande
difficulté, pour bien cultiver dans ces récipients, est
d'établir un drainage suffisant et rapide. On y parvient en plaçant au fond un lit de tessons de poterie.
Mais cela ne suffit pas : l'eau séjournerait en certaines
parties du fond plus basses que d'autres, y pourri-
rait et produirait un effet désastreux. D'un autre côté,
il est impossible de pratiquer une grande quantité
de trous dans le fond de la caisse parce que l'eau se
répandrait dans l'appartement.

Nous avons résolu cette difficulté d'une manière
nouvelle. Au-dessous des tessons, nous avons placé,
à plat, de grosses ficelles formant des sortes de drains
ramifiés qui amènent l'eau, par capillarité, à trois ou-

vertures seulement. Ces ficelles, réunies en tresse, par dessous la caisse de la jardinière, laissent tomber les gouttes d'eau, attirées sous les tessons, dans un vase disposé au-dessous et contenant une plante aquatique. On arrive ainsi très-aisément à débarrasser les racines de l'excès d'humidité qui les ferait pourrir, et que ne peuvent absorber les caisses des jardinières actuelles, lesquelles sont toujours métalliques.

Nous savons donc, maintenant, que la conservation des plantes dans les appartements demande, non des soins difficiles et extraordinaires, mais un entretien régulier.

Avant tout, il faut éviter les brusques écarts de température et d'humidité, assortir le sol aux affinités reconnues de la plante, et donner au végétal de l'espace et de la terre autant que possible.

Quelques espèces demandent, au contraire, à être gênées ou resserrées pour fleurir. Celles-là on les connaîtra facilement en s'enquérant auprès des marchands qui les élèvent et les vendent, et d'ailleurs les racines, débordant des pots, indiquent assez le traitement qu'on doit leur appliquer.

### § 2. — Précautions générales selon l'exposition et la saison.

La culture des fleurs sur les fenêtres et dans les appartements a ses avantages et ses inconvénients. Comme avantages on peut lui accorder qu'elle ne con-

naît pas de saison, ou, plutôt, qu'elle est de toutes les
saisons ; mais comme inconvénients, on est bien forcé de
lui reconnaître des difficultés toutes spéciales à affron-
ter pour faire vivre les sujets qui ont déjà fleuri. Fran-
chement, je n'appellerai pas culture d'appartement
le procédé qui consiste à prendre dans sa serre des
plantes en boutons et en fleurs à mesure qu'elles se
montrent, et à les faire défleurir autour de soi. Non,
cela, c'est un enterrement perpétuel de première
classe !

Ce qui vaut, aux yeux de l'amateur et surtout de la
femme attentive, c'est d'avoir fait naître et fleurir la
plante créée, c'est de la garder, de la faire croître
pour l'an prochain, où elle reviendra plus belle encore
que l'année précédente, reprendre la place d'honneur,
et recevoir les hommages de tous les visiteurs.

Il y a là une adoption, une parenté mystique que
l'esprit délicat de la femme ne séparera jamais du
plaisir des yeux et de l'odorat. C'est une fille qui sent
bon et qui est belle, ce n'est pas seulement une plante
qu'elle a fait naître ! c'est un être vivant dont elle est
fière, c'est plus et mieux !

Aussi est-elle toujours la bien-aimée.

Quand même elle fleurirait au milieu de l'été, alors
que tous les parterres regorgent, elle serait encore la
bienvenue ; elle représente souvent la difficulté vain-
cue ! C'est toujours là un parfum agréable à l'esprit !
D'ailleurs, à cette époque, tout vient à souhait : la
plante qui ne demande que de la lumière, de l'eau et

du soleil, en trouve à souhait même dans les appartements..... Tout va bien !

Mais, viennent la froidure, les feuilles d'automne qui roulent, les longues nuits qui s'abattent des quatre heures du soir sur la nature, le coin du feu qui s'éclaire d'abord rarement, puis tous les soirs, et la pauvre plante apparaît désarmée et frileuse; les femmes en ont pitié, on l'abrite, on la soigne..... il faut la sauver ! C'est alors qu'elle prend toute son importance et toute sa valeur.

Octobre arrive, l'automne se dessine, et avec lui quelques soins particuliers à donner aux plantes confinées dans nos appartements. Notre culture en pots, en caisses ou en jardinières ne varie pas beaucoup dans ce mois qui, plus tempéré que le précédent, est plus favorable à la santé des végétaux renfermés, parce que les coups de soleil intenses sont moins à redouter. Non-seulement on devra continuer les arrosements modérés qui ont pour but de maintenir toujours la terre fraîche et non humide, mais encore le bassinage des feuilles et leur lavage répété souvent et avec un soin méticuleux ; car, de leur propreté dépend le bon fonctionnement de ces organes si nécessaires à la vie des plantes.

Que l'on veuille donc bien remarquer que la plupart des plantes d'appartement sont des végétaux à feuillage ornemental avant tout, par conséquent sont recherchées plus pour ces feuilles mêmes que pour leurs fleurs ou leurs fruits, et que, en conséquence, le feuillage très-abondant chez elles a une importance plus grande, relativement, que chez toute autre plante. Cela nous mène à cette conclusion que les soins de bassinage et de lavage ont, sur ces plantes, une influence encore plus décidée que sur beaucoup d'autres dont le feuillage n'est plus l'important, mais l'accessoire.

Ce que nous devons rappeler, en ce mois de septembre, c'est qu'il est temps de procéder, dans un coin des grandes jardinières, à quelques plantations d'oignons à fleurs qui égaieront, pendant l'hiver, le feuillage des plantes voisines. Il faut commencer naturellement par les espèces les plus hâtives : *Narcisses de Constantinople, Soleil-d'or, Jacinthes simples, Crocus divers, Tulipes, etc., etc.*

Si l'on veut mieux réussir encore, il faudra faire choix d'une jardinière plus petite et dont le vase intérieur puisse tenir l'eau; on y mettra des sphaignes de marais (*Sphagnum*) maintenues toujours humides par l'eau placée en dessous, et, dans ces sphaignes on fera tenir des oignons de Jacinthes, de Narcisses, de toutes les plantes que l'on cultive aussi sur des carafes faites exprès. Elles viendront bien plus belles dans la mousse humide, et leurs fleurs, se détachant au milieu des teintes vertes et fraîches de leur support, produisent un effet des plus frappants.

A partir de la première quinzaine d'octobre, il faut faire attention que la plupart des plantes habituées aux appartements ne peuvent plus passer la nuit dehors; non-seulement par suite de leur structure devenue délicate, à cause de leur réclusion, mais parce que les gelées sont à craindre. Cependant, pendant la journée, on aura soin, — de même que durant l'hiver, toutes les fois que cela sera possible, — de leur faire prendre l'air. Leur santé est à ce prix.

Autre précepte : partout et toujours, on placera les plantes de façon qu'elles reçoivent le plus de lumière possible. La lumière, l'air et l'eau, nous le répétons ici à dessein, sont indispensables à tous les végétaux. Cette règle ne doit jamais être oubliée.

Nous rappellerons encore, en cette saison qui commence l'hiver dans nos climats, que les arrosements ne doivent jamais être faits qu'avec de l'eau aérée et à la température de l'appartement : tout brusque changement de chaleur, d'air, d'eau étant préjudiciable aux plantes, et cela, d'autant plus qu'elles sont plus délicates et plus précieuses !

Nous ne voulons pas cacher à nos lectrices que le bon temps est passé : nous tenons, au contraire, à les bien prévenir que les difficultés vont arriver, de plus en plus nombreuses, pour conserver les jolies plantes qui ont si bien réjoui leurs regards, embelli leur retraite pendant la belle saison.

Je ne sais pourquoi, mais je penserais qu'elle a le cœur bien sec la femme qui jetterait, de gaieté de cœur, la plante vivace, désormais défleurie, qui lui a tenu compagnie pendant de longs mois, ornant sa demeure de ses fraîches et vives couleurs, masquant de son parfum les émanations toujours désagréables de la vie animale..... Cela se voit cependant : il y en a comme cela !

Il nous semble, au contraire, que nous contractons une sorte de dette de reconnaissance vis-à-vis de ces pauvres végétaux qui nous ont tout donné, leur beauté, leur parfum, leur vie trop souvent..... qu'ils sont devenus quelque peu intimes avec nous, qu'ils ont participé par leur présence à nos douleurs et à nos joies, en un mot qu'ils sont *nos amis*, et que nous sommes habitués à leur figure, à leur maintien. Nous les reconnaissons même à leur silhouette, comme un ami que nous voyons passer assez loin pour n'en pas distinguer les traits ! Nous leur devons la vie pour l'an prochain; l'hospitalité et les soins pendant la saison mauvaise, la nourriture et les friandises pendant le temps des frimas! et de la faim..... On a eu raison de dire : la femme est bonne qui aime les fleurs !...

Ce n'est pas tout encore : les difficultés vont commencer avec les fleurs achetées chez les horticulteurs, afin de les maintenir en bonne santé. Elles sortent de serres où la température est soigneusement maintenue à un degré uniforme et la plus favorable; elles reçoivent des soins assidus : eau tiède, air chaud, humidité moyenne, que sais-je?..... Elles sont arrivées dans un salon dont la température est variable, non-seulement de la nuit au jour, mais suivant le caprice, les sorties, les visites de la maîtresse de céans; les courants d'air vont frapper d'ici, de là ; la nuit, une transition brusque rendra la pauvre plante malade. Puis, on oubliera de l'arroser..... Le lendemain on la noiera d'eau glacée !..... Un peu plus de constance dans les soins est ce qu'on peut, en général, souhaiter aux plantes de nos demeures : quand on s'y est habitué, le succès est si certain, les résultats si charmants !

Si nous ne craignions pas de sembler demander des choses impossibles, nous imposerions à nos lectrices, autant que possible, la mise des pots dans de beaucoup plus grands remplis de terre semblable à celle du petit. Nous ferions pour nos plantes ce qu'on fait pour le vin, *un double fût*. Cela présente deux grands avantages : le premier de maintenir plus facilement la terre au même degré d'humidité convenable, en arrosant au dehors comme au dedans; le second que, presque toujours, les plantes que nous achetons sont mises dans des récipients beaucoup trop petits pour elles. Je ne dis pas que cette coutume ne favorise pas, jusqu'à un certain point, comme le prétendent les marchands, la *mise à fleur;* mais ma conviction bien arrêtée est que les trois quarts du temps il y a là une simple question de bénéfice.

Le vase ne se vendant point à part, moins il vaut, dans le prix du total du végétal, plus le marchand y gagne. Le point de vue de l'amateur qui veut garder sa plante est tout autre, et nous suivons les règles de l'hygiène végétale, en faisant remarquer qu'à l'époque indiquée de la floraison, les plantes ont dû beaucoup accumuler de matériaux assimilables pour beaucoup dépenser; c'est pourquoi, la floraison passée, la fécondation accomplie, elles sont épuisées ; tandis que si nous leur offrons, dès avant ou pendant un riche terrain, substantiel et étendu, elles y trouveront toute la nourriture dont elles ont besoin.

Nous serons donc convaincu que la floraison est d'autant plus belle, plus abondante, plus vive, que les plantes peuvent végéter plus *plantureusement,* — le mot a été fait pour elles ! Notre système à deux pots offre d'ailleurs cet autre avantage qu'on peut enlever le pot intérieur et remettre la plante, sans lui, à sa place, ce qui équivaut à une mise au large facultative et sans secousse de la plante, au moment même où elle a le plus besoin d'éléments, et cela sans les dangers du *rempotage.*

Arrivons maintenant à la question des *plantes grasses :* l'hiver est le moment de leur triomphe. Sous ce nom de *Plantes grasses,* il faut reconnaître que tout le monde réunit un groupe horticole parfaitement hétérogène, parce que la plupart d'entre elles appartiennent à plusieurs familles distinctes et n'ayant pour ainsi dire aucun rapport entre elles qu'une certaine conformité extérieure d'apparence et de tempérament. La plupart sont charnues, épaisses ; quelques-unes même sont tout à fait semblables aux cactées, d'autres se distinguent par leurs épines, leurs tissus coriaces, presques toutes par la bizarrerie de leur forme, l'étrangeté de leur port. Beaucoup se recommandent par leurs fleurs, généralement confinées dans la gamme des couleurs blanche, jaune et rouge, mais souvent splendides et odorantes.

Citons comme curiosité de cette spécialité, pour la-

Fig. 50. — Aloès vulgaire.

quelle on a créé des serres et tout un traitement, les *Aloès* (fig. 50) qui sont des *Liliacées*, les *Agaves* qui sont les *Amaryllidées*, les *Stapelias*, appartenant aux *Asclé-piadées*, les *Euphorbes* charnus de l'Afrique et de l'Inde qu'on confond au premier abord avec des *Cierges* ou des *Echinocactes* et qui sont de la famille des *Euphor-biacées*; n'oublions pas les *Ficoïdes* si nombreuses, si diverses et si charmantes, et toute la famille des *Crassulacées!*

Ce qui rassemble encore ces plantes, pour l'amateur, c'est leur rusticité, et leur aptitude à fleurir, quand elles sont un peu poussées, sous les dimensions les plus restreintes, en vraies boutures de l'année. Comme ces plantes n'ont que très-peu de racines et puisent leur principale nourriture dans l'atmosphère, on en a profité pour leur fournir des pots presque microscopiques qui n'ont pour but que de leur offrir un point d'appui, mais les arrosements n'en sont pas devenus plus faciles. Ils doivent heureusement être très-modérés, surtout pendant l'hiver; cependant on ne doit point laisser arriver la terre de ces végétaux à ressembler à de la cendre : il faut s'efforcer de maintenir un juste milieu qui n'est pas toujours aisé avec une pincée de terre semblable à celle de ces petits vases.

Les plus jolies de ces miniatures peuvent être demandées aux *Aloès*, aux *Cactus échinocactes*, aux *Mamillaires*, aux *Opuntias* (fig. 51 et 52); on trouvera parmi les *Ficoïdes*, les *Crassules*, de charmantes dispositions aux couleurs de feuilles, et, ce qui vaut mieux, de



6

très-jolies fleurs. Ajoutons les *Echeverias*, *Euphorbes*, *Sedum* ou *Orpins*, *Sempervivum* ou *Joubarbes*, *Stapelia*, et même *Agaves*, de formes très-heureusement variées. On vient d'introduire, parmi ces derniers qui représen-

Fig. 51. — Figuier de Barbarie.

tent ordinairement des végétaux extrêmement grands, des espèces nouvelles qui atteignent les proportions de nos joubarbes communes, et sont minuscules.

Pauvres plantes miniatures, les petites serres fermées ressemblant aux boîtes à la Ward, qui servent à

rapporter les plantes des pays d'outre-mer, sont très-
commodes; nous en parlerons (chap. VIII, § 3), ainsi
que de leurs applications aux fougères diverses qui
ornent si bien les appartements et peuvent y être

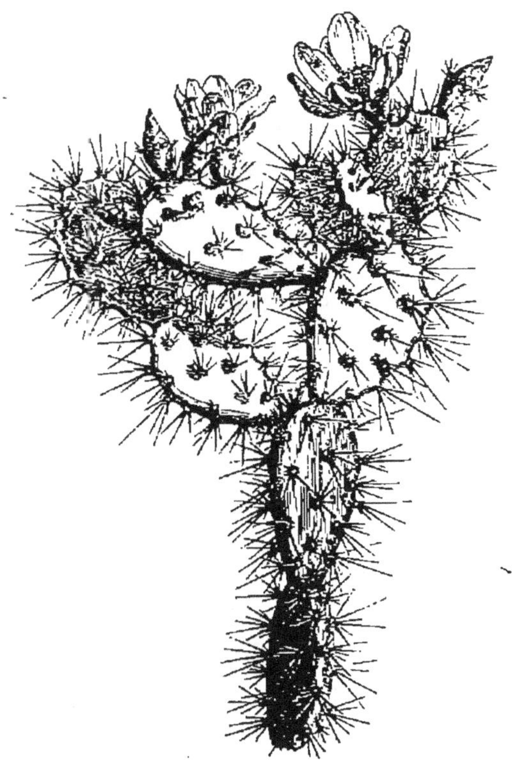

Fig. 52. — Opuntia multiflore.

conservées assez longtemps, avec un peu d'adresse et
de bonne volonté.

Pour résumer ce que nous venons d'écrire, il faut
bien se persuader que si l'appartement peut servir
d'orangerie et de serre tempérée, il se prête plus dif-

ficilement à faire l'office de serre chaude ; non que la température y manque, mais l'humidité. Là est la grande, la vraie difficulté, la terrible infériorité de la culture d'appartement ; c'est que les plantes y sont poursuivies par deux ennemis implacables, la poussière et la sécheresse, le hâle que produit précisément la chaleur du foyer ou des appareils. Quoi qu'il en soit, le nombre des plantes admissibles dans ces conditions est énorme et la culture peut en être variée à l'infini. Dans la limite de l'orangerie et de la serre tempérée, la chaleur humide n'est plus nécessaire, l'appartement peut être habituellement sec et par conséquent ne pas nuire à ceux qui l'habitent.

On aura soin de poser des bourrelets aux ouvertures, du dehors surtout, dans la crainte que les vents coulis ne frappent les plantes. Ils ne pardonnent point !

Si l'on dispose de peu de lumière, il faudra établir un roulement à bref délai, au moins toutes les semaines, pour changer les plantes de place, afin que toutes reçoivent à leur tour les effluves lumineuses qui leur sont indispensables. En général, on placera, pour la nuit, les plantes loin des ouvertures, au milieu des appartements, elles y auront plus chaud.

Toutes les fois qu'un temps très-doux, de petites pluies, un soleil brillant le permettent, donnez un peu d'air, pas beaucoup mais autant que possible, en fermant avant la fraîcheur qui vient vite en cette saison.

## § 3. — Les plantes grimpantes, herbacées
## ( ou ligneuses.

Nulle part, plus que dans les appartements, sur les fenêtres et sur les balcons, les plantes grimpantes ne peuvent trouver une place plus importante. Celles qui

Fig. 53. — Bomarée du Chili.

ne deviennent pas trop grandes et qui se recommandent par leurs fleurs et leurs feuilles y ont un emploi très-recherché. Notons en outre que presque toutes sont propres aux suspensions et peuvent en doubler

6.

l'effet en s'y joignant à d'autres plantes érigées au centre du vase.

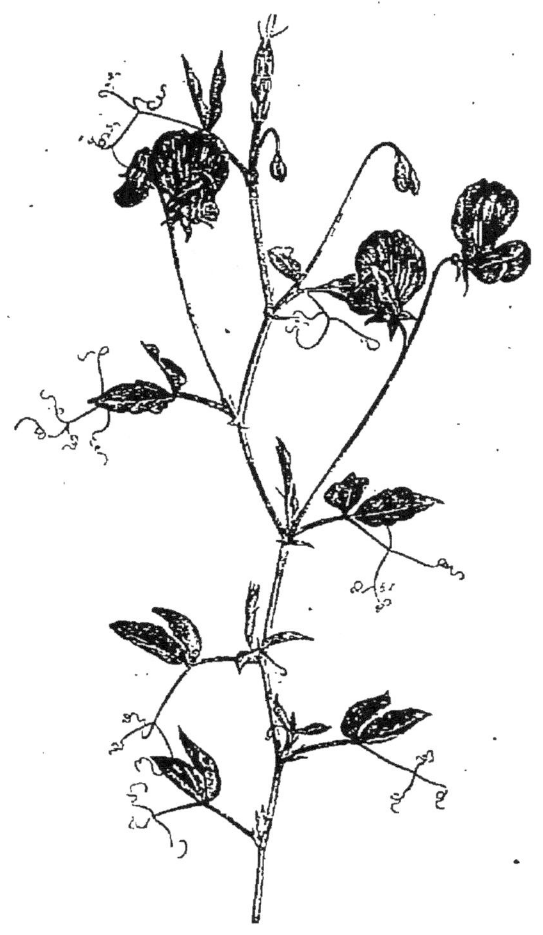

Fig. 54. — Pois de senteur.

Nous n'avons pas besoin de faire remarquer que notre réunion de végétaux en plantes grimpantes renferme naturellement des individus appartenant aux

familles les plus diverses ; aussi trouve-t-on tous les
modes d'enroulement, de vrilles que l'on peut imaginer. En effet, presque toutes les familles naturelles,

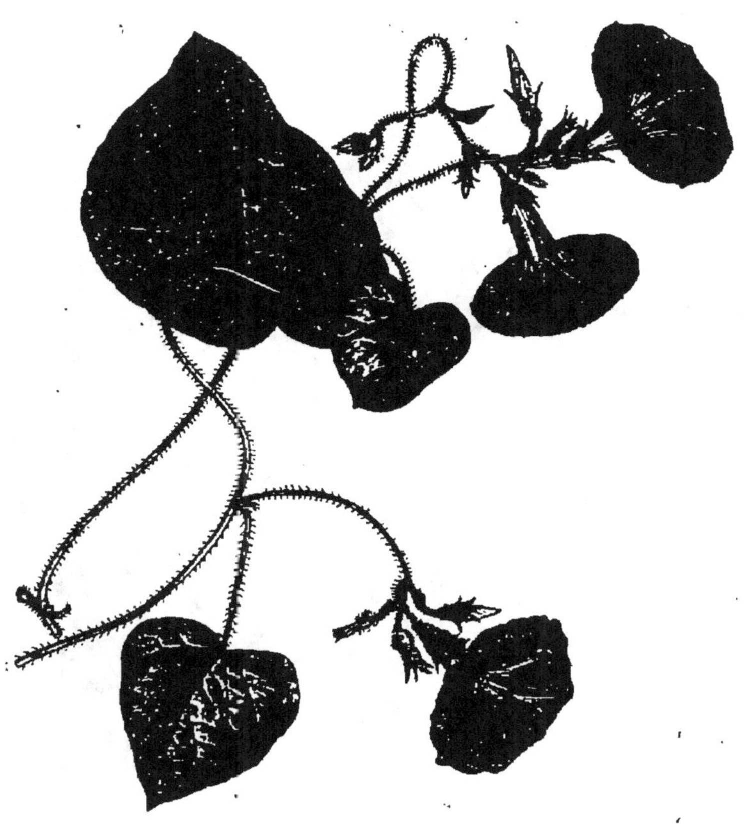

Fig. 55. — Liseron pourpre.

*même celle des Palmiers*, fournissent des espèces grimpantes à quelque degré : ainsi les *Calamus*, les *Dæmo-
norops* présentent des tiges grêles, souples, et fortes

comme des câbles qui courent sur plus de cent mètres
de long.

Un fait ne doit jamais être perdu de vue, c'est que
les plantes grimpantes sont de celles qui recherchent
le plus avidement la lumière du soleil; elle leur est
si nécessaire, qu'elles vont la chercher jusqu'au haut
des plus grands arbres.

Fig. 56. — Grande capucine.

Nous diviserons les plantes grimpantes en deux sections, de la manière la plus simple : *plantes de pleine
terre* et *plantes de serre*. Les unes comme les autres
peuvent nous offrir de charmantes combinaisons pour
nos appartements.

## Pleine terre.

*Méthoniques* (*Gloriosa*). Liliacées très-jolies, fleurs de martagnon; dans le midi; *M. Superba, Leopoldi, virescens.*

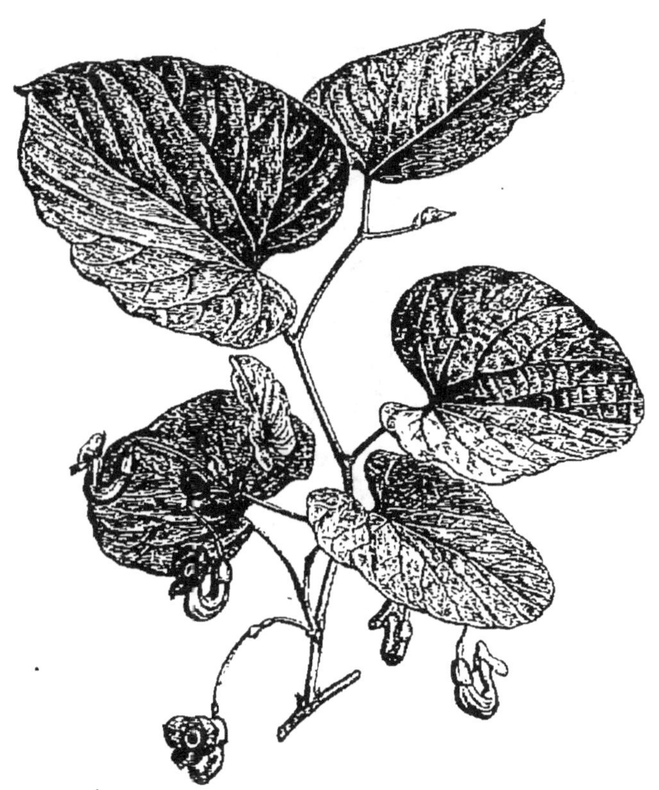

Fig. 57. — Aristoloche siphon.

*Littonia modesta.* Fl. orangée.

*Asparagus* (*A. Broussonnelii*), *Asperge des Canaries.*

*Bomarea. Edulis, Salsilla* (fig. 53), *Acutifolia.*

Papilionacées. *Pois de senteur* (fig. 54), *Gesse à grandes fleurs; Haricots d'Espagne, H. Caracolle,* etc.

Liserons : *Convolvulus; Calystegia; Ipomœa* (fig. 55),

Fig. 58. — Chèvrefeuille toujours vert.

*Pharbitis ; Calonyction ; Argyreia ;* etc.; toutes plantes charmantes.

Capucines. *Tropœolum* (fig. 56), entre autres la *T. tuberosum, tricolor, albiflorum, cærulea, pentaphyllus,* etc.

*Cobœa.* Tout le monde la connaît.

*Maurandia. Lophospermum; Rhodochiton; Thumbergia*, dans le midi de la France seulement.

Cucurbitacées : *Bryones; Momordiques; Trichosan-*

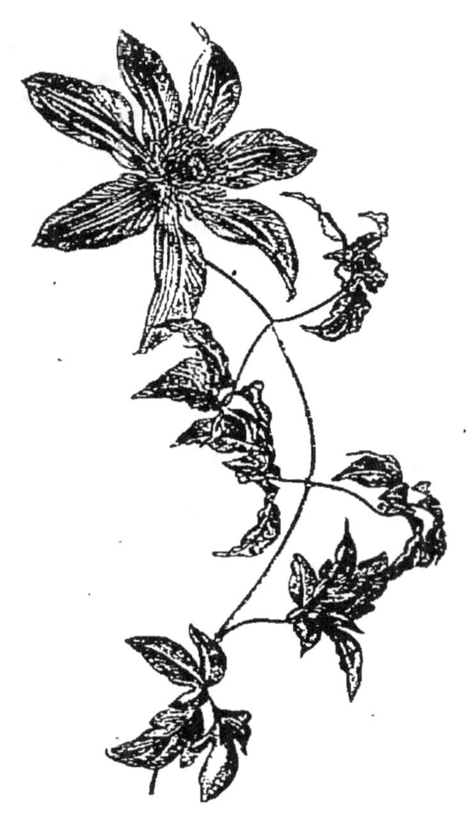

Fig. 59. — Clématite azurée.

*thes; Coloquinelles; Gourdes; Coccinies; Loasas; Se-neçons.*

*Aristoloches* diverses (fig. 57).

*Ephedras. Lierres, figuiers grimpants.*

*Ménispermes, Lapagérias.*

*Smilax. Rosiers sarmenteux.*
*Jasmins, Chèvrefeuilles* (fig. 58).

Fig. 60. — Bignone de Virginie.

*Clématites,* si nombreuses (fig. 59).
*Bignones* (fig. 60), *Passiflores ; Glycines ; Akébie ;*
*Echites ; Plumbagos ; Mitraria ;* etc.

## Serres chaudes.

*Méthoniques, Lapageria, Stemona, Bomarées, Aristoloches.*

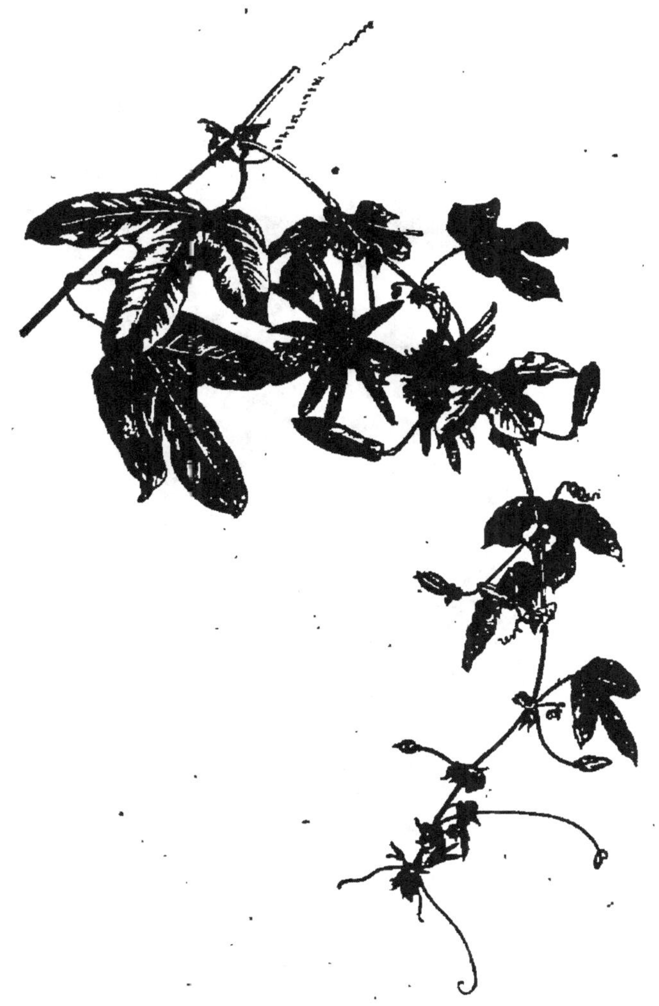

Fig. 61. — Passiflore bleue.

*Acanthacées :* *Thunbergia alata, flagrans, chrysops, Harrisii, Mysorensis,* etc.

*Liserons ; Argyreia argentea, hirsuta, splendens; Ipo-
mæa Learii, digitata, focifolia,* etc.

Fig. 62. — Quisqualis indica.

*Dipladenia, Hoyas, Ceropegia, Stephanotis. Passi-
flores* ou *grenadilles* (fig. 61).

*Tacsonies, Combrotamus, Quisqualis* (fig. 62). *Bigno-
niacées,* etc., etc.

# CHAPITRE VI.

APPARTEMENTS.

## Jardinières, Corbeilles.

---

### § 1. — Principes généraux ; difficultés.

Notre intention bien arrêtée était, au printemps dernier, de faire que, dans nos jardinières, les plantes formassent un tout harmonieux comme feuillage, et surtout s'élevassent d'un sol *habillé* lui aussi d'une façon coquette. C'était un point nouveau et difficile. C'est là que nous avons fait des écoles, nous nous y attendions bien! Aussi, l'an prochain... — hélas! le jardinier ne peut opérer qu'avec l'aide de la nature! — l'an prochain, nous établirons des expériences séparées pour diverses plantes.

D'après les conseils de notre excellent ami déjà cité plusieurs fois, nous avions composé notre jardinière de plantes sorties de leurs pots et mises sans autre précaution au milieu d'un excellent terreau léger et médiocrement tassé. Notre raisonnement, en agissant ainsi, était le suivant :

Nous ne cherchons pas la reprise, puisque nous ne touchons pas du tout la motte sortie du pot. Si elle pousse, nous ne nous y opposons pas. Ce que nous croyons rencontrer par ce moyen, c'est une température et une humidité plus égales, plus normales, plus naturelles, plus faciles à obtenir et à conserver dans un milieu d'une plus grande étendue que dans un pot. En un mot, nous mettons nos plantes dans un *pot* plus grand et plus sain que celui dans lequel on les a élevées et vendues.

Nous n'avons pas eu à nous en repentir. Par conséquent la théorie opposée qui a souvent cours parmi les jardiniers de profession est une erreur; elle s'explique assez bien par une arrière-pensée qu'ils ne formulent pas même pour eux-mêmes, mais qui se comprend de reste. Le jardinier, en tant que jardinier, ne considère la plante d'appartement que comme un végétal de passage dans un endroit qui doit le rendre malade : par conséquent, il voit d'avance le moment où il faudra le rempoter, et le ramener à l'infirmerie se refaire..... s'il en est capable. Il s'évite un travail assez considérable en ne le dépotant pas.

Nous, nous raisonnons autrement.

Pour nous, la plante que nous choisissons *doit vivre* dans notre appartement; nous ne possédons pas de serre, pas d'infirmerie pour la guérir. Nous devons faire tous nos efforts pour qu'elle ne soit pas malade : cela dit tout ! C'est pourquoi il nous faut mettre à son aise la pauvre prisonnière, au moins pour ses racines, si nous ne pouvons lui offrir le bien-être pour ses feuilles et ses fleurs. Ce sera toujours autant de gagné, elle nous le rendra en beauté, en vivacité, et en vigueur.

La jardinière dont nous avons fait choix pour nos expériences de cette année a $1^m,20$ de long sur $0^m,55$ de large et $0^m,18$ de profondeur. C'est déjà la capacité respectable de 12 décimètres cubes. Nous avons planté au milieu deux pieds de *Curculigo recurva* bien adultes, à $0^m,18$ l'un de l'autre ; toujours sur la ligne médiane en longueur, nous avons mis de chaque côté un *Dracœna congesta,* et plus près encore du bord à chaque extrémité, un *Bilbergia pyramidalis.* Cela constitue en quelque sorte l'épine dorsale du petit massif.

Cependant, comme il se faisait un peu trop de jour dans le milieu, nous y avons remédié en plantant, un peu en dehors, mais vis-à-vis le vide des Curculigo, un pied de *Phormium tenax.* Ç'a été une véritable inspiration. Les longues feuilles rubanées, brillantes de la plante se sont mariées avec les larges palmes plissées du Curculigo, et ont formé une gerbe centrale extrêmement gracieuse.

Restait à meubler les côtés, en long, et les quatre coins. Nous avons appelé à notre aide une plante rustique, mais dont la feuille n'est pas disgracieuse et dont les stolons devaient retomber sur la jardinière ; car il ne faut jamais perdre de vue que si la jardinière *ne déborde pas,* elle aura l'air maigre et manquera de grâce. Notre intention était donc que la nôtre débordât.]

C'est pour cela que nous y plantions deux pieds de saxifrage sarmenteuse (*Saxifraga sarmentosa*), deux pieds de Dracana vivipare (*Ortegia cornuta*), — encore une plante à stolons curieux, — un pied panaché et un pied simple de Géranium à feuilles de lierre (*Pelargonium peltatum*), un carex japonais (*Carex Japonica*), puis deux pieds de Tradescantia, un *Zebrina*, un *Mertensis.*

Aux quatre coins de la jardinière prirent place quatre Bégonias différents. Vous voyez qu'une capacité semblable peut recevoir, sans inconvénient, une certaine quantité de plantes, surtout lorsqu'on emploie, comme nous l'avons fait, l'engrais Jeannel à doses presque homœopathiques, mais répétées.

Nous n'avions plus à nous occuper que de la question du *gazonnement du sol*, la plus difficile opération de notre culture.... et la moins étudiée jusqu'à présent. Nous avons donc fait choix des plantes suivantes qui, tout à fait traçantes et superficielles, n'empruntent pas beaucoup à la terre, et peuvent en quelque sorte végéter par-dessus le marché ; nous avons mis : Sélaginelle denticulée (*Selaginella denticulata*), Orpin des murailles (*Sedum acre*), Orpin de Corse (*Sedum corsicum*), Orpin à fleurs bleues (*Sedum cæruleum*), Cymbalaire (*Linaria cymbalaria*), Campanule à feuille de lierre (*Mühlenbergia campanulata*), Oxalis naine (*Oxalis vitellina*), Joubarbe naine (*Sempervivum arachnoïdeum* et *Sempervivum calcareum*), etc.

Toutes ces plantes ont commencé à prospérer de la

manière la plus remarquable, ce qui prouve que l'essai peut être repris et mené à bien pour quelques-unes d'entre elles. Malheureusement le *Tradescantia zebrina*, enchanté de la terre meuble et grasse où il se trouvait, surexcité par les engrais Jeannel auxquels il est, je crois, une des plantes les plus sensibles, s'est emporté à une végétation tellement exubérante qu'il a tout envahi. Mais il a racheté son abondance par un voile splendide de feuilles et de tiges qu'il laissa pendre tout autour de la jardinière et qui forma le plus gracieux ensemble qu'il se puisse imaginer. C'est le cas de dire que le bien sortit de l'excès du mal.

Naturellement nous l'avons laissé aller. Il a conquis toute la place, mais aux dépens des plantes voisines, plus chétives et plus délicates. Cependant nous y avons gagné d'apprendre quelles sont, de toutes nos petites plantes gazonnantes modestes, les plus résistantes à l'étouffement : sous ce rapport, l'expérience n'a point été sans compensation.

En somme, celle qui résiste le plus longtemps est la petite Oxalis vitelline (*Oxalis vitellina*). Elle reparaît encore entre les tiges entre-croisées et les feuilles courantes du terrible Tradescantia. A côté d'elle résiste, pourvu qu'elle soit un peu sur la lisière et reçoive par côté du jour et de l'air, la *Sélaginelle,* solide, rampante, et peut-être la plus jolie de toutes par sa verdure pâle et franche. Il va sans dire que les deux *Géraniums lierre* ont été balayés d'abord, le *panaché* avant l'autre. La *Cymbalaire* ne résiste pas du tout, l'*Orpin* non plus : la *Campanule* est une des plus fugaces.

Cela ne nous étonne point : les trois plantes que nous venons de nommer naissent sur les terrains découverts des marais ou sur la surface des vieux murs et des rochers, mais toujours à l'air libre. Elles nous semblent donc mal choisies, quant à présent et sauf expériences nouvelles, pour occuper la terre *sous d'autres plantes* à feuilles souvent larges et couvrantes. Je sais qu'elles y feraient très-bien, mais ce n'est pas tout de désirer qu'une plante figure en telle ou telle condition, il faut que son tempérament propre se prête à ce qu'on exige d'elle.

La *Sélaginelle*, qui pousse naturellement au pied des arbres dans les forêts, peut convenir; une plante des marais ne résistera pas. Je crains donc que les *Sedums* ou *Orpins* qui forment un joli gazon ras et bizarre de forme et de couleur ne puissent se prêter à pousser ainsi........ à la cave!

Il nous faudra donc chercher autre chose, pour l'année prochaine, parmi les plantes de rez-de-chaussée, habituées à être dominées et couvertes.

Nous avons eu cette année, et dans la même jardinière, une confirmation très-nette de notre manière de voir. Nous avions planté aussi quatre ou cinq jeunes pieds de *fougères*, deux de Néphrodie (*Nephrodium molle*), un de la Fougère bleue (*Pteris cærulata*) et un de l'*Adianthum tenerum*.

Toutes ont réussi et poussé admirablement leurs

frondes gracieuses au travers du Tradescantia indisci-
pliné. Cela vient de ce qu'elles étaient dans leur position normale naturelle, c'est-à-dire dominées comme
par des arbres ou d'autres plantes. Au milieu d'elles
fleurissaient, avec une abondance qui a duré tout
l'été, les *Curculigo*, dont la petite fleur jaune sort en
bouquet du pied des tiges. Évidemment cette floraison
était aussi à sa place : sous les *Fougères* et le *Tradescantia*, elle n'a pas souffert.

Ainsi donc, le grand secret de la réussite des as-
sociations de plantes consiste tout simplement à les
placer autant que possible dans un milieu semblable
à celui qu'elles occupent à l'état sauvage.

C'était bien simple à deviner, n'est-ce pas? Comment
se fait-il qu'on y pense si peu? Pourquoi agit-on sans
cesse à l'encontre de cette règle si simple et si rai-
sonnable? Cela tient à ce que ces pauvres plantes, que
nous martyrisons, étant muettes et ne pouvant se plain-
dre, nous nous figurons toujours que nous les ferons
ployer à nos caprices ; elles n'ont qu'un moyen de
protester : elles en usent !... elles se laissent mourir !
Et nous, nous frappant le front de notre inintelli-
gence, nous retombons dans notre entêtement jusqu'à
ce que l'expérience faite *in anima vili*, — *pauvres
plantes !* — nous vienne démontrer plusieurs fois que
nous avons tort.

### § 2. — Culture pour fleurs.

Nous n'avons pas besoin de reculer plus loin que

les premiers travaux d'embellissement de la ville de

Fig. 63. — Lis tigré ou martagon de la Chine.

Fig. 64. — Scilla nutans.

Paris, pour voir innover l'emploi des plantes à feuil-

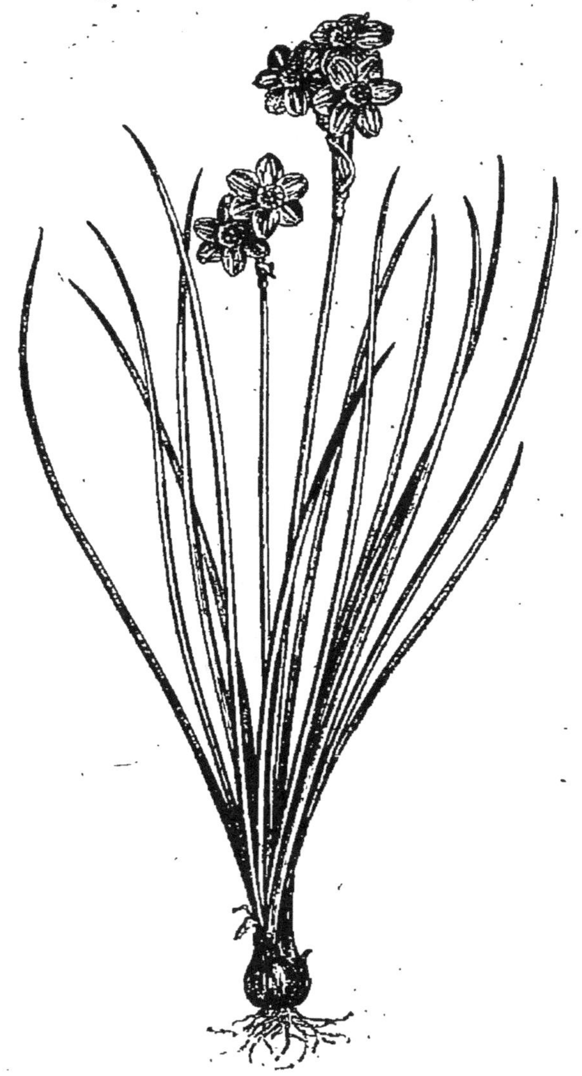

Fig. 65. — Narcisse des poëtes.

lage décoratif. Il y a vingt-cinq ou trente ans, il ne

serait venu à personne l'idée de cultiver dans les jardins des plantes exclusivement pour leur feuillage ; les unes sont remarquables par leur couleur, les autres par leur forme, leur taille, la plupart ne comptent pas pour leurs fleurs. Ce fut un grand progrès artistique quand on eut compris cela.

Depuis, la culture des plantes à port remarquable, à feuilles ornementales a monté des parterres aux salons, et aujourd'hui on trouve tout naturel de rechercher certaines plantes, les unes pour leur feuillage, les autres pour leurs fleurs.

Commençons par ces dernières : et parmi elles ne prenons pas les plus rares, ce ne sont pas toujours les plus jolies.

Un mot d'abord sur les plantes à oignons.

Les *Lis* (fig. 63) de petite et de moyenne taille, les *Tulipes*, les *Jacinthes*, les *Scilles* (fig. 64), les *Fritillaires* et autres liliacées sont de charmantes plantes d'appartement (fig. 65). On peut encore citer parmi d'autres un peu moins connues :

1° L'*Agapanthe à ombelle* (*Agapanthus umbellata*), à fleurs bleues charmantes.

2° Les *Lachénalies* diverses (*Lachenalia*), sortes de Jacinthes africaines du sud : entre autres la Lachénalie dorée (*L. flava*), à fleurs jaunes unies ; la L. tricolore (*L. tricolor*), à fleurs écarlates, jaunes et vertes ; la L. changeante (*L. pallida*), à fleurs bleues pâles, puis pourpres et violettes.

3° Le *Camassie* comestible (*C. esculenta*), fleur bleue.

4° *Albuca* du Cap (*A. major*), fleur blanche.

5° Les *Calochorthus* (*C. splendida, venusta, lutea*), etc.

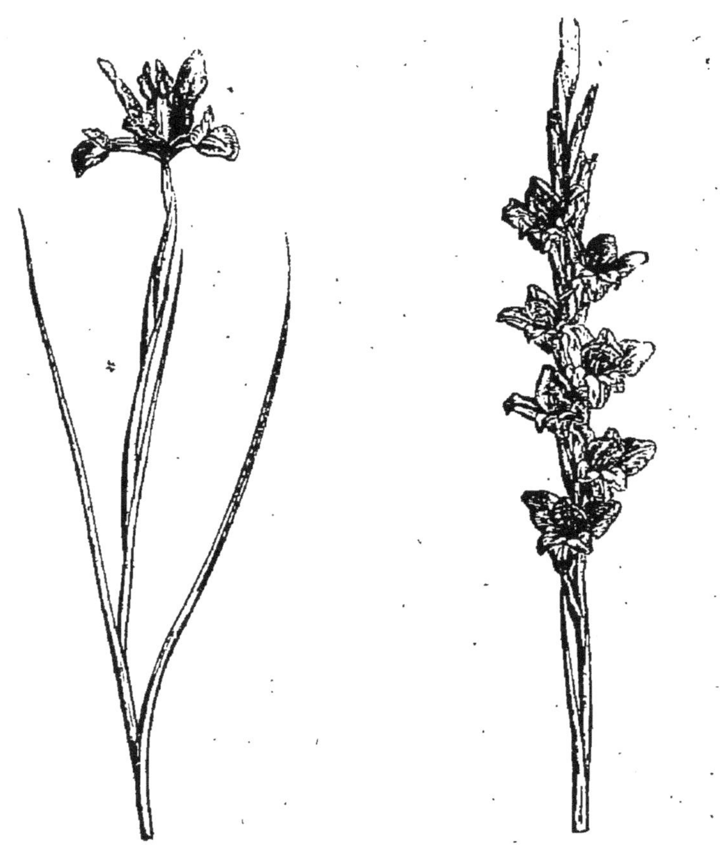

Fig. 66. — Iris Xiphion.         Fig. 67. — Glaïeul de Gand.

6° *Tricyrthis* bigarrée (*T. Hirta*), grande fleur blanche criblée de pourpre.

7° Les *Trilliums* (*T. grandiflorum, sessile*), etc.

8° *Tigridies* : *T. conchiflora, violacea*, etc.

9° *Ferraries : F. undulata.*

10° *Morées : M. glaucopis, bicolor.*

11° *Xiphions* (fig. 66) : *Iris xiphium,* etc.

12° *Ixias : I. tricolor, I liliago, patens.*

13° *Sparaxis : S. tricolor, variegata,* etc.

14° *Crocus* printaniers et automnaux.

15° *Glaïeuls : G. cardinalis* (fig. 67), etc.

La famille des orchidées est une des familles les plus riches du règne végétal ; il y a vingt ans on en comptait environ trois mille espèces, aujourd'hui le nombre a plus que doublé, réparti en quatre cent trente-trois genres parfaitement connus et parmi lesquels mille à douze cents espèces ont pu être introduites vivantes en Europe jusqu'à présent ; or il est bien probable que le nombre des espèces introduites ira en augmentant rapidement, maintenant qu'on connaît leur traitement beaucoup mieux qu'autrefois.

L'histoire des Orchidées est assez originale. Les premières exotiques introduites vivantes en Europe avaient été trouvées dans les plaines basses et humides de la presqu'île indienne et des îles Malaises. On pensa tout naturellement à les placer ici dans des conditions analogues, en leur donnant une serre chaude et humide. Cela marcha à merveille. Mais l'Amérique vint apporter son tribut considérable d'Orchidées. Or, soumises au même traitement que les espèces indiennes, ce qu'on fit sans réflexion, elles ne tardèrent pas à languir, et à disparaître la plupart sans floraison.

On crut ces plantes incultivables.

Cependant, des esprits observateurs finirent par constater que la plupart des espèces américaines vivaient dans des milieux tout à fait différents, opposés même, de celles de l'Inde; mais cela date de quelques années à peine. En beaucoup d'endroits de province les Orchidées sont encore considérées comme des plantes de serre chaude, renommées, non-seulement par leur bizarrerie, mais par la splendeur sans égale de leurs fleurs. Aujourd'hui, grâce aux savantes recherches de M. Rivière, jardinier en chef au Luxembourg, et des jardiniers anglais, on a appris que ces plantes si belles n'avaient souvent besoin que de la température la plus ordinaire.

C'est là une excellente innovation dont nous voulons faire profiter nos lectrices. Grâce au nouveau traitement, une grande quantité d'orchidées deviennent des fleurs de salon, et prennent place parmi les plus splendides et, en même temps, les moins difficiles à cultiver dans ces conditions.

Cependant, avant de détailler la manière dont nos mères et nos sœurs devront soigner leurs nouvelles favorites, il est indispensable de leur expliquer rapidement quelles sont ces plantes. Sans cela, elles courraient risque d'appliquer leurs soins à tort et à travers, c'est-à-dire de ne réussir nulle part.

Pour nos lectrices qui ont appris un peu de botanique, nous dirons que les orchidées composent, parmi les végétaux monocotylédonés, une des plus nombreuses familles du règne végétal, possédant des représentants dans tous les pays du monde et comprenant, nous l'avons dit plus haut, près de mille espèces cultivées. Mais, c'est en se dirigeant vers les régions tropicales et surtout au milieu d'elles que se trouvent les plus beaux spécimens de ce merveilleux groupe, tant comme beauté des fleurs que comme singularité de port.

Dans ces pays, les orchidées semblent oublier une des grandes lois de la nature et ne s'implantent plus dans le sol pour y puiser leur nourriture. La plupart perdent la vie terrestre pour se fixer sur les arbres en s'accrochant aux écorces par leurs racines d'une structure particulière, et là, quelquefois au plus haut des branches, parcourent les différentes phases de leur existence, puisant dans l'atmosphère qui les environne l'humidité indispensable et les gaz qui leur sont nécessaires sans rien emprunter au sol. Sans doute il leur faut une certaine chaleur, mais, dans leur pays natal, cette chaleur est très-tempérée par l'altitude des lieux où on les trouve. Ce qu'elles exigent, c'est, avant tout, de l'air humide. Cette condition est bien facile à réaliser dans nos habitations, comme nous le verrons tout à l'heure.

Peu de personnes avaient remarqué, avant M. Rivière, que dans les montagnes de trois à quatre mille mètres de l'Asie et de l'Amérique, on trouve encore un assez grand nombre d'orchidées. Or, en ces endroits, la température, au milieu du jour, dépasse

souvent vingt degrés, mais le matin s'abaisse, souvent
aussi, jusqu'à zéro. Il y avait là une indication hardie
de conditions naturelles que nous pouvons essayer de
réaliser dans nos demeures. L'habile jardinier que
nous citons en a profité, et, toute l'année dernière,
a montré à la Société d'horticulture des spécimens
fleuris dans ces conditions, tous beaucoup plus beaux,
tous vigoureux, tous mieux-portants que ceux que l'on
étouffait en serre chaude selon l'ancienne routine.
Nous ferons comme lui.

De ce que nous avons dit qu'une grande quantité
des orchidées sont *épiphytes*, c'est-à-dire poussant sur
d'autres plantes, il ne faudrait pas conclure que toutes
sont ainsi : dans nos pays, plusieurs orchidées exis-
tent qui poussent dans les prés et dans les bois, mais
alors en terre et surtout au milieu des mousses.

Certaines, chez nous comme dans les pays étrangers,
poussent même dans les terrains les plus secs et trouvent cependant le moyen d'y épanouir leurs fleurs
magnifiques, quelquefois n'ayant plus de feuilles.

Plusieurs enfin sont grimpantes, et, parmi elles, nous
ne pouvons oublier de noter la vanille aux fruits déli-
cieux. Celle-ci est une vraie plante des pays chauds;
elle vient du Brésil, et cependant M. Morien avait
établi dans les serres du Jardin botanique de Liége,
une véritable culture artificielle de vanille dont il fé-
condait artificiellement les fleurs. Il en obtenait ainsi
une telle quantité de précieuses gousses, qu'il montra
qu'on pouvait produire, de cette façon, une culture ex-

trèmement.remunératrice : les gousses étant aussi bonnes, aussi aromatiques que celles cueillies à l'air libre dans les contrées tropicales.

Les fleurs des orchidées sont tellement belles, tellement originales, qu'elles ont de tout temps frappé les yeux, non-seulement des chercheurs européens qui en découvrent presque tous les ans de nouvelles espèces, mais des peuples mêmes près desquels on les trouve. L'Inde et les îles indiennes en renferment des espèces admirables. Parmi elles, qu'il nous soit permis de citer l'*Anæctochile setaceus*, que l'on appelle vulgairement le *Chir des forêts*. C'est l'une des plus petites, mais l'une des plus charmantes, parce que chacune de ses larges feuilles vert foncé porte cinq nervures dorées présentant un dessin régulier.

Elle vient de Java, et M. Flaure nous a conservé une légende malaise qui explique comment elle est née :

« Il y a bien longtemps, apparut sur les côtes de l'île, une divinité qui descendit du ciel pour instruire le peuple déjà perverti. Elle était vêtue d'une splendide étoffe de scie très-précieuse, que l'on nomme *petola*. Mais voilà que les habitants pervers n'écoutèrent point les leçons divines, et non-seulement méconnurent la bonne déesse, mais même la persécutèrent : tant et si bien qu'elle quitta le rivage et s'enfonça dans les forêts inaccessibles des montagnes.

« Pour se soustraire aux poursuites des méchants, et peut-être aussi pour suivre un dessein mystérieux dont le sens échappe aux simples mortels, la divinité dépouilla son écharpe céleste et la cacha entre les rochers couverts de mousse. Elle convertit heureusement les montagnards, moins pervers que les gens de la plaine, et quand elle reprit sa merveilleuse *petola*, celle-ci avait séjourné assez longtemps entre les rochers pour qu'il en sortît quelques germes qui en reproduisirent au moins l'image.

« Mais la nouvelle se répandit bientôt dans l'île de l'apparition de la plante divine. La convoitise des gens d'en bas s'enflamma pour se l'approprier. Ils emportèrent tout ce qui en avait poussé dans la montagne ; mais toutes arrivèrent flétries chez eux tandis que la déesse en vivifiait les derniers germes oubliés dans la montagne. On l'appela depuis *daun petola*, c'est-à-dire, *plante habillée de petola.* »

Ce qui est vrai, dans ce conte indien, c'est que les *Anæctochiles* sont très-difficiles à transplanter.

Les orchidées que nous recommandons à nos jeunes lectrices sont celles qui poussent sur les arbres ; ce sont les plus belles. On les attache avec quelques points de fil, ou de corde, ou de fil de fer sur une planchette ou un rouleau d'écorce et mieux de liége, et elles y poussent à loisir.

On pourrait construire, avec ces matières, de charmantes suspensions propres à ces plantes : je ne crois pas qu'on ait été plus loin que les boîtes à claire-voie qui servent aux jardiniers. Ces petits meubles deviendraient facilement un des plus charmants ornements d'un salon ou d'un boudoir, car on pourrait toujours les poser en applique contre les murs.

Une précaution à prendre, chaque matin, dans la saison de la végétation surtout, consiste à plonger dans l'eau la plante tout entière et son support ; on la laisse égoutter en dehors du salon et on la remet en place. On obtiendra ainsi une végétation magnifique.

On peut aussi cultiver ces plantes au milieu de la mousse ou des sphaignes de bois dans de petites corbeilles. Qu'on n'oublie pas qu'il faut *de l'air* aux racines — ce qui est le contraire des autres plantes — et de l'humidité partout. Nous avons essayé la nourriture saline que nous avons indiquée plus haut. Elle ne nous a rien donné!... L'expérience est à refaire, mais son résultat négatif ne nous surprend pas avec des plantes qui font le contraire de toutes les autres!

On réussit admirablement en plaçant ces belles plantes entre des doubles fenêtres ; on dépose dans une cuvette assez d'eau pour entretenir parfaitement humide l'atmosphère confinée entre les deux parois de verre, on suspend les orchidées çà et là, et tout vient, sans frais, à merveille.

Il importe peu d'ailleurs où on les met, en suspension au milieu des appartements ou le long des murs, elles sont d'un effet admirable et leurs fleurs ont des dimensions auxquelles nous ne sommes pas habitués. Ainsi la *Vande de Lowe* (*Vanda Lowii*), qui vient de Bornéo, a dans son pays des proportions énormes, puisqu'elle grimpe en liane solide jusqu'aux plus hautes cimes des grands arbres. Elle ouvre, là-haut, des feuilles de près d'un mètre de long, et laisse pendre des touffes, des grappes de fleurs qui ont jusqu'à 3 ou 4 mètres de longueur, portant cinquante fleurs vert pâle marbré de brun-rouge, tandis que les deux seules supérieures sont fauves ponctuées de sang.

A la bonne heure, voilà des fleurs !

Certaines espèces, comme la *Brassée à long bras* (*Brassia*), portent des fleurs mignonnes à côté de cela, mais qui néanmoins ont encore 30 cent. de long ! Le *Cypripède à queue* (*Cypripedium caudatum*) laisse pendre de chaque fleur deux pétales en lanière qui tombent jusqu'à terre : le *Sélénipède à queue* (*Selenipedium caudatum*) en porte deux aussi, qui allongent de 8 centimètres par jour, si bien qu'en quatorze jours, ils ont 91 cent. de longueur ! Cette fleur dure du 12 avril au 5 mai !

Mais nous n'avons pas fini avec les excentricités ! Les *Burlingtonias* ont des fleurs presque transparentes. D'autres espèces montrent des fleurs qui semblent modelées en cire : celles-ci sont fraîches, roses tendres, riantes; celles-là, sombres, vieillies, chiffonnées, livides, maculées de sang, rappellent les créations les plus fantastiques du sabbat !

N'oublions pas que ces fleurs exhalent les odeurs les plus suaves, mais quelquefois les changent tout à coup par les plus infectes : on ne sait ni comment ni pourquoi... Merveilleux laboratoire de chimie naturelle! La fleur transparente dont nous parlions tout à l'heure sent la violette. Les *Calanthes*, qu'on appelle en anglais l'*œil de Pirogue* et l'*œil noir*, laissent échapper une odeur très-suave. Une espèce, l'*Oncidium à bec d'oiseau* (*O. ornithorhynchum*), présente deux variétés semblables, mais l'une sent la vanille la plus pure, l'autre la punaise de bois écrasée! Nous donnons ici l'*Oncidium papillon*, de l'île de la Trinité (fig. 68). Un *Angræcum*, le *sesquipédale*, remarquable par sa longue pointe postérieure en éperon, sent très-fort le suif, tandis que celui de *Brongniart* répand une odeur adorable de fleur d'oranger!

D'autres sentent l'amande amère, le réséda, la hyacinthe, le lis, la jonquille; d'autres, et des plus nombreux, des parfums inconnus. Quelle bizarrerie! Mais quelles belles fleurs!

Beaucoup d'orchidées peuvent être cultivées dans les serres d'appartement, et même tout bonnement dans les appartements habités; ce système a été plusieurs fois employé et avec succès en Angleterre et en Allemagne.

La *Belgique horticole* nous cite la culture d'un amateur demeurant en Saxe, à Chemnitz, qui a prouvé qu'il y avait des centaines d'orchidées qui pouvaient prendre leur développement dans ces conditions. A part de doubles fenêtres que nécessitent ces plantes, ses appartements n'offraient aucune condition qui ne se réalise très-facilement chez nous. Température moyenne de l'été, + 20 à + 24° centigrades; température

moyenne de l'hiver de $+ 10$ à $+ 12°$ pendant la nuit.
Rideau de gaze seulement en été.

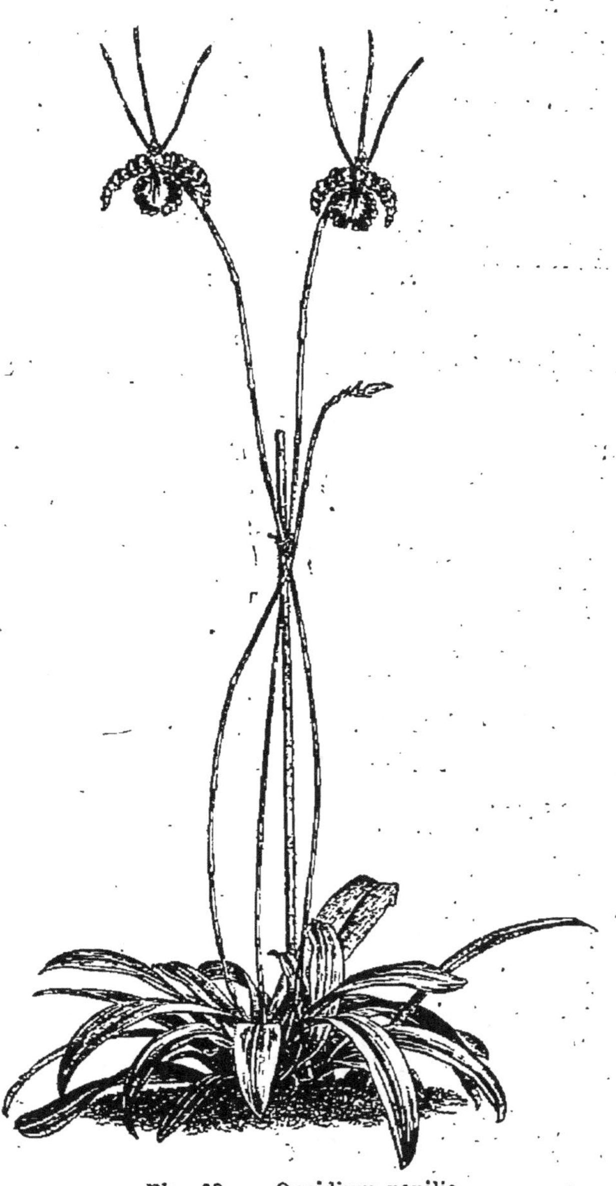

Fig. 68. — Oncidium papilio.

Nous empruntons au journal cité quelques extraits des espèces qui ont parfaitement réussi et que l'on considérait autrefois comme exclusivement vouées à la serre chaude. Ce choix peut guider quelques commençants dans notre pays :

Fig. 69. — Chysis bractescens.

*Vanda fusca, V. Roxburghii, V. teres, V. bicolor : Dendrobium Dalhousianum, D. Jenkinsii, D. Pierardi, D. devonianum, D. nobile, D. speciosum, etc..., Aerides odoratum, A. suavissimum ;* et les espèces, *Epidendron, Gongora, Chysis,* dont nous donnons le *bractescens* (fig. 69) : *Cychnoches, Anguloa, Brassavola, Phajus* (fig. 71), *Catasetum, Phalœnopsis*, dont nous donnons le *grandiflora* (fig. 70) avec le petit panier à claire-voie dans lequel on le cultive, ainsi que beaucoup d'autres espèces : *Houlletia, Cymbidium, Cœlogyne, Lælia, Maxillaria, Stanhopea, Zygopetalum, etc.*

Fig. 70. — Phalænopsis grandiflora.

N'oublions pas, enfin, de signaler qu'on a fait une division, en Angleterre, d'orchidées en assez grand nombre, qui demandent une chaleur encore moins prononcée que celle des serres tempérées elles-mêmes, ce sont les *Orchidées froides* — comme ils les appellent. Il leur suffit d'être mises, pendant la mauvaise saison, hors des atteintes de la gelée. Dans ce groupe se placent également des espèces terrestres et des espèces *épiphites*, ce qui assure à nos cultures de salon une diversité charmante.

Parmi les plantes herbacées dont les fleurs présen-

Fig. 71. — Phajus Wallichii.

tent le principal attrait, nous pouvons placer au premier rang les :

*Gesnériacées* qui, formant un groupe extrêmement vaste, renferment un nombre considérable de genres.

Nous ne pouvons que passer très-rapidement en revue les grandes divisions de. ces espèces, dont la plupart sont ornementales et très-bien placées dans nos
appartements.

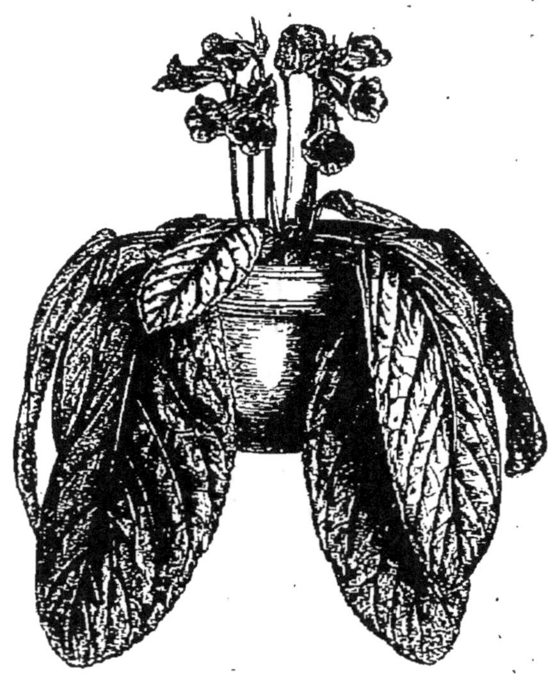

Fig. 72. — Ligeria speciosa.

Les *Gesnérias* proprement dites sont des herbes
vivaces à rhizomes, à feuilles plus ou moins grandes
et molles, et à fleurs en grappe ou en panicules. Nous
recommanderons les espèces *Nægelia*, *Dircæa*, *Man-*
*dirola*, et nous citerons quelques variétés à réclamer :
*G. bicolor*, *G. Leopoldi*, *G. Douglasii*, *G. umbellata*,
*G. tuberosa*, etc...

*Dircæa* diverses : *D. bulbosa, D. lateritia, D. lobulata, D. Blassii, D. faucialis, D. cardinalis.*

*Nægelia* : *N. amabilis, N. zebrina, N. splendens, N. picta, N. flavescens, etc.*

*Ligerias*, plus souvent appelées, *Gloxinia*, dont les fleurs campanulées sont si charmantes : *Gl. speciosa* (fig. 72), *Gl. caulescens, Gl. Teucheri, Gl. digitaliflora, Gl. velutina, Gl. maculata, etc.*

*Achimènes* : *A. potens, A. longiflora.*

*Tydæas* : *T. picta, T. gigantea, T. magnifica, etc.*

*Mandirola* : *M. multiflora, etc.*

Nous abrégeons cette trop longue nomenclature.


### § 3. — Culture pour feuillages.


*Fougères.* — Au nombre des plantes qu'on aime à voir dans les habitations modernes et qui ont été beaucoup multipliées, — surtout en Angleterre où presque tout le monde s'intéresse à leur culture, — il faut compter les Fougères. La classe des fougères, à elle seule, est une des plus curieuses de l'embranchement des *Acotylédonés.* Elle comprend plus de 2,000 espèces connues; elle présente la plus admirable diversité, non-seulement comme taille, mais comme port et comme aspect. Nulle part on ne peut rencontrer plus de variété et plus de bizarrerie.

Presque toutes les fougères présentent des caractères semblables de végétation; leurs feuilles sont roulées en crosse avant de s'étaler, et la fructification se forme au-dessous d'elles, de la manière la plus curieuse et souvent la plus inattendue. Presque toutes sont vivaces; dans les pays chauds certaines prennent des dimensions analogues à celles des arbres; chez toutes, les *frondes* ou feuilles ont une forme gracieuse et légère.

Formées pour vivre sous d'autres végétaux, les fougères sont toutes habituées à être dominées dès l'enfance; elles recherchent donc, d'instinct, les lieux sombres et humides. Il faut tenir compte de cette propension dans leur culture en chambre, et c'est à cette heureuse habitude qu'on doit la réussite de leur introduction près de l'homme.

La difficulté, pour ces charmantes plantes, réside, comme pour les orchidées, dans l'humidité d'atmosphère nécessaire à leur bonne végétation et qui est assez difficile à concilier avec les habitudes ordinaires de nos appartements. Là est le nœud capital de leur existence : si nos dames savaient le réaliser, — *pouvaient* même le réaliser dans leurs salons, — la vie de ces charmantes plantes serait assurée, longue et même luxuriante.

De tout ce que nous venons de dire, il faut conclure que les fougères craignent le soleil et luttent mal contre lui. De là, la conséquence seconde qu'il faut, dans les appartements, leur en éviter l'atteinte, ce qui est beaucoup plus facile à faire que le contraire. Là est l'explication de la persistance de santé des fougères dans des milieux qui seraient promptement mortels pour d'autres plantes.

Non-seulement les fougères ont des frondes découpées, de formes bizarres et charmantes, telles que les *Polypodium* dont nous donnons comme exemple le *morbillosum* (fig. 73), mais elles revêtent quelquefois de belles formes entières. Les *Asplenium* sont dans ce

Fig. 73. — Polypodium morbillosum.

cas, et le *Nid d'oiseau, Nidus avis* (fig. 74), est un des plus remarquables.

C'est à la suite des fougères qu'il convient de placer les *Lycopodiacées*, et auprès d'elles les *Sélaginelles*, dont nous avons parlé dans nos essais de plantes vivantes propres à couvrir la terre des jardinières et caisses,

*sous* d'autres végétaux, afin de diminuer l'évaporation, — une des causes de malaise la plus puissante
pour les plantes d'appartement, — et en même temps
de parer et de cacher la surface de la terre. Notre
pays et les pays étrangers fournissent au moins 40 espèces de sélaginelles propres aux cultures spéciales
des feuillages ornementaux. Malgré leur type sensi-

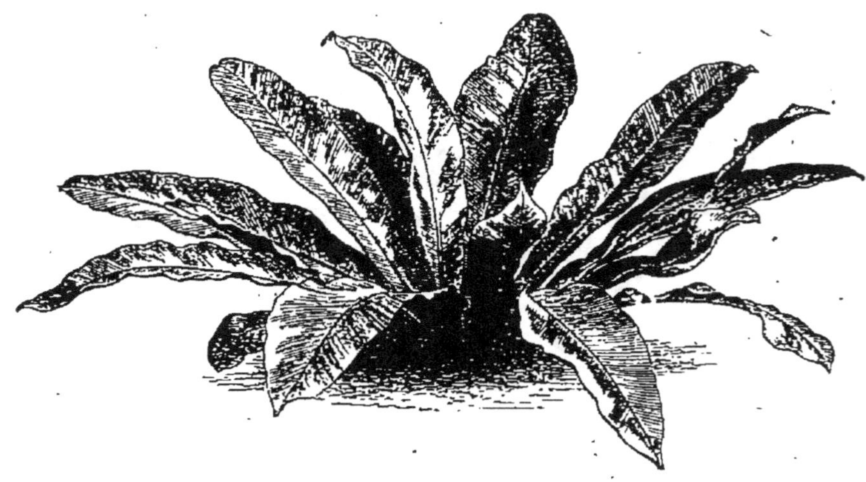

Fig. 74. — Asplenium nidus avis.

blement pareil, ces petites plantes ont un facies varié
et toujours gracieux. Ainsi le *S. cæsia* est remarquable entre toutes par ses feuilles offrant une sorte de
reflet blanc presque métallique.

Les sélaginelles se multiplient par bouturage et la
séparation des touffes est utile pour bien réussir.

Pour les fougères il faut des arrosements abondants
et qui n'attendent même pas que la surface de la terre
se dessèche. Ces plantes veulent un sol *constamment*

*humide*. Comme elles ont beaucoup de racines, il faut s'assurer que l'eau traverse la motte et ne s'écoule pas entre elle et les parois du pot. Les espèces indigènes sont naturellement celles qui résistent le plus facilement à la culture des maisons : au premier rang il faut placer le *Cetherach officinarum, Asplenium Ruta-muraria, Adiantum capillus Veneris, etc.* Pour border-rer, la *Sclaginella denticulata*.

*Palmiers.* — Ces beaux végétaux doivent encore être placés au premier rang parmi les plantes qu'on introduit dans les appartements à cause de la beauté et de la grâce de leur feuillage. Quoiqu'on soit loin de connaître toutes les espèces de cette famille, on en cultive au moins un millier de différents. Nous avons donné dans cet ouvrage (page 11) une méthode excellente pour tirer parti des graines que des voyageurs peuvent vous rapporter des pays tropicaux où la plupart des espèces viennent spontanément.

Parmi les plus rustiques, il faut citer les *Chamæ-rops*, groupe en partie européen, puisque le *Chamærops humilis* ou *Palmier éventail* occupe toute la région méditerranéenne, aussi bien au nord qu'au sud : on en connaît un grand nombre de variétés, parmi lesquelles il faut remarquer des *Ch. arborescens* et *Ch. tormentosa*. On connaît aussi, parmi eux, le *Ch. excelsa* ou *Palmier à chanvre* de la Chine centrale, qui pousse avec beaucoup de vigueur en pleine terre et à l'air libre, sous notre climat de Paris, pourvu qu'on l'abrite un peu pendant l'hiver.

Nous citerons encore le *Dattier* (*Phœnix dactilifera*)

Fig. 75. — Bambou-arondinacé.

l'arbre nourricier du Sahara, dont quelques échantillons viennent *presque* dans certains sites de notre midi, et qui, en somme, est répandu dans la Perse, et au sud de l'Espagne. En France, il ne peut rester en plein air, ailleurs que dans la région de l'oranger; mais, par ce fait même, on reconnaît qu'il est aussi près que possible des plantes de pleine terre des régions voisines et, par conséquent, une de celles qui y prospéreraient avec le moins d'abris.

Nous ne pouvons passer sous silence, dans le même ordre d'idée de frondes ornementales pour nos appartements :

Les *Pandanées;*

Les *Bambous,* entre autres l'*arundinacé* (fig. 75);

Les *Musacées,* comprenant les **Dragonniers, Dracænas, Cycadées,** etc.;

Les *Marantacées* ou *cannacées,* parmi lesquelles on recherche beaucoup les *M. zebrina* (fig. 76), *illustris, ornata, vittata, striata, floribunda, bicolor, gracilis,* etc... Le traitement des orchidées leur convient parfaitement.

Les *Aroïdées,* parmi lesquelles certaines espèces sont classiques dans nos appartements; par exemple, les *Caladiums* différents : *argyrites, marmoratum, pictum, argyrostilum, picturatum, bicolor, Neumanni,* etc... Quelques *Arisæma* et *Anthurium;* toutes ces plantes à feuillage sont très-intéressantes par leurs macules, blanches, roses, rouges sur fond vert de différentes nuances, tournant quelquefois jusqu'au noir. Tout à côté d'eux, d'autres genres sont très-remarquables

par un feuillage découpé, lustré, marbré de toute
manière. Tels sont les *Phylodendrons*, les *Scindapsus*
(fig. 77), aux feuilles découpées si bizarrement, et les
*Diffenbachias,* plantes à suc vénéneux, mais dont le
feuillage est pittoresque au plus haut degré.

Toutes ces plantes réclament des arrosages abondants pendant la durée de la végétation ; une lumière

Fig. 76. — Maranta zebrina.

très-vive ne leur est pas absolument nécessaire. Dans
les forêts tropicales où elles sont nées, elles s'entre-
mêlent aux fourrés de la végétation, et sous ce rapport
ne s'éloignent pas extrêmement des exigences des
fougères ; cependant il leur faut autant de chaleur
qu'on peut leur en donner.

Parmi les plantes dicotylédonées à feuillage orne-

mental que l'on recherche en ce moment-ci pour l'ornement des habitations, on doit remarquer encore
les *Bégoniacées,* dont tout le monde à présent con-
nait le feuillage curieux et variant à l'infini. Ces plantes réclament absolument le même traitement que les

Fig. 77. — Scindapsus pertusa.

*orchidées,* les *fougères* et les *sélaginelles :* c'est-à-dire
qu'elles sont avides de chaleur, d'humidité et d'une
période de repos qui leur est absolument nécessaire ;
on s'est assuré que ces plantes peuvent supporter
sans souffrir une température beaucoup plus froide
qu'on ne le croyait. Pendant la période de ce repos,

coïncidant avec notre hiver, les arrosements doivent être presque absolument suspendus. Il suffit que la terre ne durcisse pas autour des rhizômes.

Au nombre des plantes que l'on cultive pour leur feuillage, — nous ferions mieux de dire pour leur forme bizarre et intéressante, — nous ne pouvons omettre toute

Fig. 78. — Echinopsis de Decaisne.

la grande famille des *Plantes grasses* et des *Euphorbes*. Nous donnons à l'article des Suspensions sèches, — chap. VII, § 2, — des détails sur l'emploi d'un assez grand nombre de *cactus;* ici, nous résumons les espèces dont la masse charnue ou raide ne se prête nullement aux effets retombants que l'on demande.

Signalons : les *Echinocactus*, si nombreux, dont les fleurs sont souvent superbes ; les *Echinopsis* (fig. 78), les *Mélocactus*, les *Mamillaires*, les *Aloès* innombrables, les *Agaves*, les *Euphorbes* charnus, les *Stapélies*, *Crassules*, *Rochéas*, *Echevérias*, *Cotyle*, *Kalanchoé*, *Joubarbes*, *Ficoïdes* de mille formes, *Kleinias*, *Pourpiers*, etc.

### § 4. — Culture des oignons.

*Amaryllis.* — Nous trouvons, parmi ces monocotylédonées fleurissantes herbacées, des plantes charmantes dont certaines se cultivent chez nous en pleine terre. Nous en citerons quelques-unes pour nos plantes ornementales d'appartement. Nous aurions peut-être dû les mettre au § 1 comme plantes à fleurs, mais elles s'éloignent assez de toutes les autres pour mériter des soins particuliers.

Plaçons au premier rang les *Pancratiums*, *Crinums* et *Eucharis*, dont les fleurs sont plus splendides les unes que les autres. On nous permettra de citer rapidement quelques espèces pour les amateurs :

*Pancratium maritimum*, *P. illyricum*, *caribœum* (fig. 79), *distichum*, *speciosum*, *Amboinense*, *amonum*, *undulatum*, etc. ; *Crinum spectabile*, *C. giganteum*, *C. ornatum*, *C. amabile*, *C. americanum*, *C. longiflorum*, *C. capense*, etc.; *Eucharis candida*, *E. grandiflora*, *E. amazonica* (fig. 80).

Les *Amaryllidées* spéciales nous offrent les espèces

suivantes : *A. formosissima, A. cybister, A. reticulata, A. intermedia, A. fulgida, A. pardina,* etc...

*Broméliacées.* — En face des Broméliacées on peut se demander si on les cultive plutôt pour la fleur que

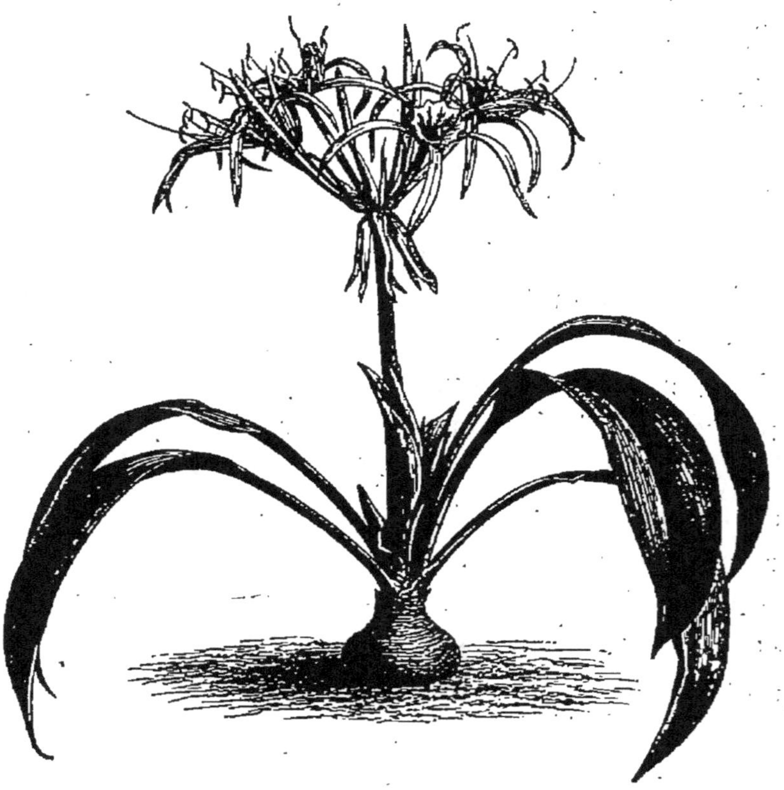

Fig. 79. — Pancratium caribœum.

pour le feuillage, ce dernier est souvent beaucoup plus intéressant que la première ; ce sont toutes des plantes à rhizômes traçants et à racines fibreuses ; un certain nombre sont même épiphites. Les genres préférés sont les *Æchmeas* (fig. 81), les *Pilcairnias*, les

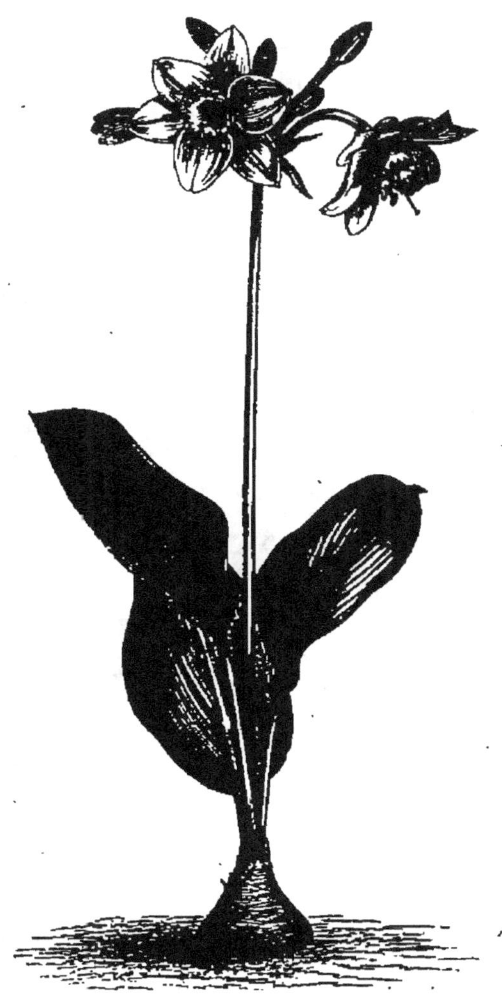

Fig. 80. — Eucharis amazonica.

*Tillandsias* au feuillage charmant, bariolé de couleurs étranges, les *Bilbergias*, etc.

Fig. 81. — Æchmea miniata discolor.

## § 5. — Plantes aquatiques.

L'introduction des aquariums dans beaucoup de nos demeures a appelé l'attention sur quelques plantes aquatiques ; il s'est même produit ce singulier phénomène que l'aquarium a disparu dans beaucoup de cas et que la plante d'eau avec sa végétation toujours en mouvement, ses formes bizarres et ses fleurs souvent originales, a tout envahi. Dans un certain nombre de demeures un peu somptueuses, le jet d'eau et le bassin sont revenus dans la salle d'été, souvenir d'un autre âge, et retour à une civilisation raffinée qu'il ne nous est point défendu de rappeler de tous nos vœux.

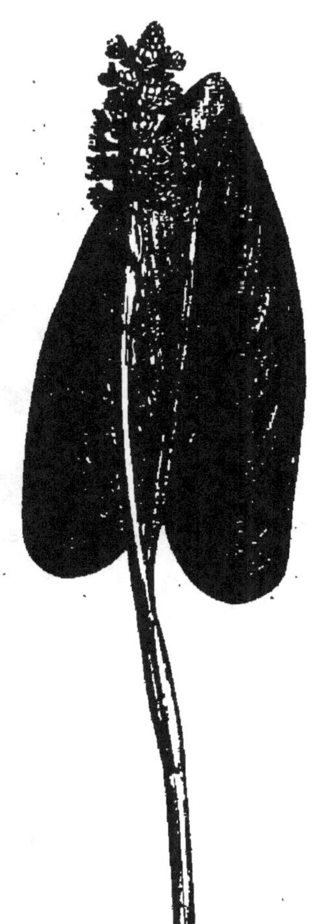

Fig. 82. — Pontédérie de Virginie.

Avec eux sont arrivées les plantes d'eau.

Il ne faut pas se dissimuler que ces plantes sont incomparablement moins nombreuses que les plantes terrestres, qu'elles sont moins variées de port, mais en même temps, il faut bien reconnaître que, si l'on s'adresse aux exotiques, on trouve de charmantes naïades.

Notre cercle volontairement borné des plantes d'appartement ne nous laisse pas beaucoup de champ pour les plantes de bassin, d'étang et de marais ; nous ne pouvons nous empêcher de dire qu'il y a là beaucoup à faire et de bien jolies surprises à créer dans presque toutes les habitations de campagne ; mais ici nous n'avons à nous occuper que des intérieurs, restons-y donc !

Presque toutes les plantes des régions tropicales que nous désirerions introduire dans nos demeures réussissent bien, à condition que nous leur donnions une eau chauffée à un degré convenable. Sous ce rapport, les plantes d'eau sont bien plus faciles à contenter que les plantes terrestres... Rien n'est plus facile, au moyen d'une ou deux veilleuses — disposées

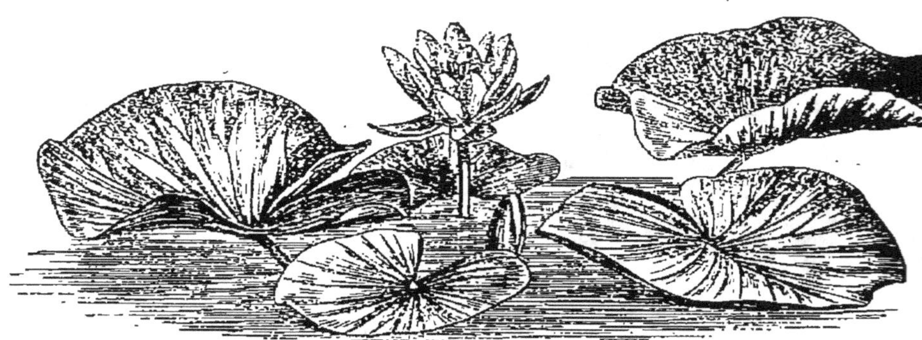

Fig. 83. — Nymphéa commun ou lis d'eau.

de la manière la plus simple en dessous de la jardinière aquatique que l'on munit d'un fond métallique, — que d'entretenir la température voulue de $+$ 20° à $+$ 25° qui fera fleurir à coup sûr les plus charmantes conquêtes des tropiques et égaiera de fleurs et de feuillage le salon. Ajoutons qu'on n'a jamais vu ces plantes dans nos pays.

Parmi les plantes d'eau qui demandent une température de serre chaude, nous citerons les *Pontedéria*

*azurea*, *crassipes* avec ses ampoules d'air curieuses,
la *Thalie blanchâtre*, de Virginie (fig. 82), les *Podo-*

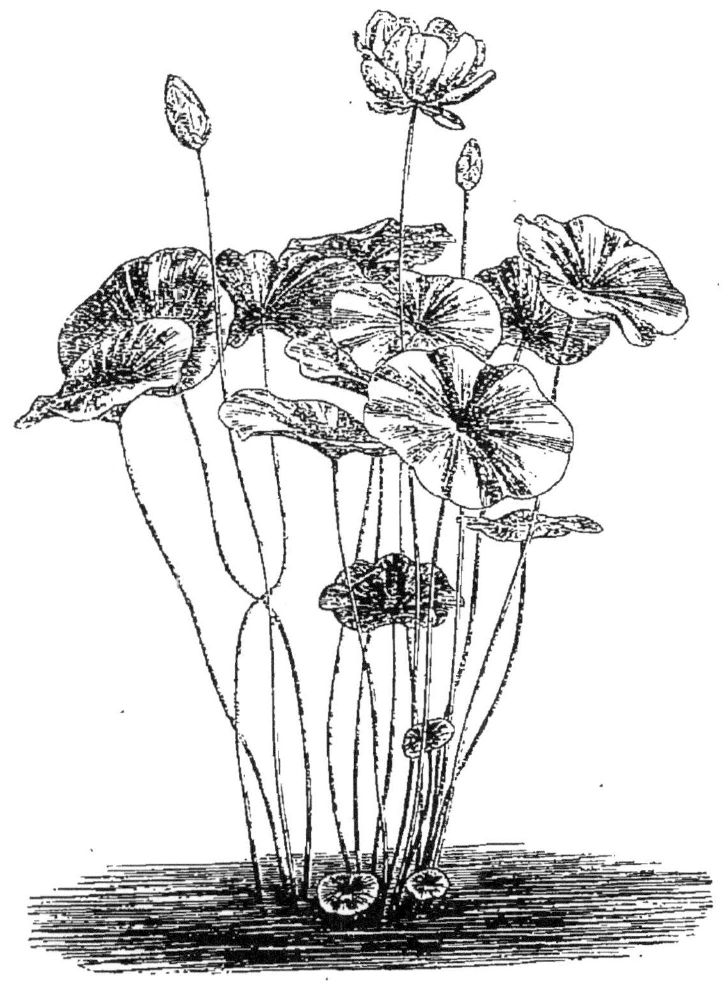

Fig. 84. — Nélombo d'Amérique.

*phylles* étrangères, les *Sarracenies*, pourpre, rouge, etc.,
etc., les *Nymphéas* ou *Nénuphars* exotiques (fig. 83),

les *Euryales* avec leurs épines, les *Nélombos* (fig. 84), les *Hydrocléis*, les *Ouvirandras* et dix autres.

Si maintenant, ce qui est facile, nous ne voulons demander à nos plantes aquatiques que des feuillages charmants et de petites fleurettes, nous aurons, avec les plantes d'eau, un choix abondant comme de charmantes végétations. Nous trouverons des *Joncs*, des

Fig. 85. — Souci d'eau.

*Luzules*, des *Souchets* ou *Laiches*, des *Massettes*, en ne choisissant que de petits échantillons, des *Alismacées* ou *Sagittaires*, des *Iris*, des *Aroïdées*, tels que le beau *Calla* avec son cornet blanc si connu; nous avons le *Souci d'eau* (fig. 85), le *Ményanthe*, la *Persicaire amphibie*, et dix autres en plus.

### § 6. — Conservation des fleurs coupées.

Nous ne ferons pas à nos lectrices l'injure de croire qu'elles n'aiment pas les fleurs! au contraire, nous sommes assuré qu'elles trouvent toujours trop court le temps qu'elles peuvent conserver le bouquet dont elles ornent leur appartement préféré. Il faut ici considérer deux choses : le bouquet simple et le bouquet monté. Pour celui-ci la conservation est presque impossible : tout au plus peut-on retarder de quelques heures la décomposition en saupoudrant les pétales d'une pluie d'eau, car les tiges ont été coupées de façon à ménager les fleurs voisines.

Quant au bouquet simple, c'est autre chose. Une lettre de M. Frémont est parvenue, il y a peu de temps, à la *Société d'horticulture de France*, à Paris, dans laquelle il affirme, — c'est un chimiste! — avoir reconnu par de nombreuses expériences que, pour conserver en bon état, pendant au moins une quinzaine de jours, des bouquets de fleurs coupées, il suffit de faire dissoudre dans l'eau où elles trempent du *sel ammoniaque*,— chlorhydrate d'ammoniaque,— dans la proportion de 5 grammes par litre d'eau.

A autre chose, maintenant! Il s'agit de faire fleurir les fleurs au moment où on le désire. Or nous venons de recevoir la recette suivante pour avoir en plein hiver des fleurs fraîches écloses :

Choisissez parmi les plus beaux boutons des fleurs

que vous voulez conserver, ceux qui, étant en retard, sont prêts enfin à s'ouvrir. Coupez-les avec une paire de ciseaux, leur laissant à chacun, si faire se peut, un bout de tige de 10 à 15 c. de long. Couvrez immédiatement la coupure avec de la cire à cacheter; et, quand les boutons seront un peu rassis et ridés, enfermez-les séparément dans des feuilles de papier bien sèches et bien propres; mettez le tout dans un tiroir sec, et rien ne se pourrira.

Quand vous voudrez avoir vos fleurs, l'hiver par exemple, prenez les boutons le soir et coupez le bout de la tige garni de cire, puis mettez dans de l'eau où vous aurez fait dissoudre un peu de nitre, ou simplement du sel. Le lendemain, les fleurs seront épanouies, aussi fraîches de couleur et de parfum que si l'on venait de les cueillir.

# CHAPITRE VII.



---

## § 1. — Principes généraux ; difficultés.

Il nous reste maintenant à aborder l'un des sujets les plus délicats et les plus difficiles de la conservation des fleurs dans les appartements. Sans doute, rien n'est plus gracieux et plus ornemental que ces bouquets de feuilles panachées, de fleurs légères et charmantes, de plantes bizarres qui descendent au milieu d'un salon, d'un boudoir, en girandoles élégantes, mais rien n'est moins naturel. Or, plus nous nous éloignons des modes d'être les plus ordinaires des plantes, plus, en un mot, nous les soumettons à des traitements contre nature et artificiels, plus nous voyons augmenter les difficultés pour réussir ou seulement pour conserver.

Une première condition domine la confection des corbeilles de suspensions, c'est que les plantes que l'on y confine ne soient pas gourmandes et se contentent de très-peu de terre. Or, les plantes qui son

aussi peu exigeantes, ne sont pas les plus communes.
Tout le monde pensera évidemment au géranium-lierre
(*Pelargonium peltatum*) qui fait si bien, avec ses tiges
articulées, ses feuilles luisantes et ses ombelles de fleurs
carnées; mais le véritable amateur réfléchira que ce
*Pelargonium* est un mangeur, un gourmand qui exige
beaucoup de place et beaucoup de terre pour être
tout seul, tandis qu'en choisissant d'autres espèces de
plantes, on pourra composer une corbeille bien
plus gracieuse. Nous sommes heureux d'offrir tous nos
remerciements à M. Jolibois, l'un des chefs de serres
du Luxembourg, pour les ingénieuses combinaisons
dont il nous a fait part et que nous allons succincte-
ment expliquer afin que nos lecteurs en profitent.

Supposons qu'on place, au centre d'une suspension,
une touffe d'*Aspidistra*, aux feuilles simples ou panachées, formant une belle gerbe ondoyante, et que,
tout autour, on garnisse le vase d'une bordure de
*Tradescantia* panaché ou vert retombant (*T. Zebrina*
et *Mertensis*). Ici il faut remarquer que les aspidistras étant des plantes d'une grande rusticité, qui
peuvent demeurer dix jours sans eau, il faut choisir,
pour former une bordure retombant tout autour, une
plante qui, au besoin, se prête au même traitement
et supporte, sans souffrir, une sécheresse semblable.
Nous pouvons recommander, sous ce rapport, de planter au bord le *Dracæna vivipare*, appelé aujourd'hui
*Ortegia cornuta*. On le plante acaule, et, dès la première année, sortent une foule de stolons qui pendent

comme de longs fils et portent chacun une ou plusieurs petites plantes, avec ses feuilles et ses racines ; ces petites plantes, comme chez les fraisiers, servent à multiplier le Dracœna.

Choisissons encore pour l'été, un *Cereus flagelliformis* mêlé d'*Epiphyllum truncatum* qui retombe assez volontiers, en sa qualité de parasite des arbres comme les orchidées. Puis, au milieu, une touffe de Ficoïde fleurissante (*Mesembrienthemum*), depuis l'*annuelle* aux fleurs variées et la *glaciale*, si l'on veut de l'originalité, jusqu'aux plus belles variétés à fleurs de toutes couleurs.

Si nous nous en tenons aux suspensions d'appartement, en ce moment, nous devrons recommander toute la famille des Broméliacées, et, parmi elles, les *Bilbergia* et surtout les *Hechsia*, plantes en gerbes élégantes qui rappellent le port de nos *Carex*, mais dont les feuilles sont dentelées et légèrement épineuses. Ces plantes couvrent très-bien le vase sans autre bordure.

On peut aussi employer les *Cypripedium* avec leurs feuilles vert foncé maculées de vert plus clair, et parmi eux l'*admirable* (*Cy. insigne*), l'un des plus communs, surtout les variétés *Chantini* et *Moleï*. Ces orchidées rustiques supporteront très-bien le régime des suspensions, seulement elles fleuriront un peu plus tard que dans la serre : leur fleurs, si originales comme couleur et comme forme, paraissent en février. La plante pousse parfaitement sur les balcons de

Paris et, en fait de soins, ne demande que de l'eau.

Parmi les broméliacées originales, nous nous garderons d'oublier le *Hohenbergia strobilacea*, plante extrêmement bizarre, dont la fleur jaune assez insignifiante est portée sur un long pédoncule retombant, semblable à une liane épineuse divisée en deux, et portant un fruit ressemblant à un cône d'arbre résineux.

On suivra le même traitement pour le *Maurandia Barcleyana* à fleurs bleues ou à jolies fleurs roses, de mars en septembre. Les feuilles triangulaires de la plante font un charmant effet.

De même, on peut employer encore la *Mimule à odeur de musc* (*Mimulus moschatus*); la *Russelia jonciforme* (*Russelia juncea*) à fleurs rouges en panicules tombantes; la *Saxifrage sarmenteuse* (*Saxifraga sarmentosa*), avec ses feuilles panachées et rouges en dessous; la *Torémie d'Asie* (*Toremia asiatica*), avec ses fleurs bleu tendre et bleu foncé; le *Lophospermum erubescens*, fleurs roses et de pleine terre, de même que la *Lobélie érine* (*Lobelia erinus*) à fleurs bleues (fig. 86).

On peut encore recommander l'emploi des *Kennedya*, plus jolies les unes que les autres; de l'*Isolepis gracilis*, cette petite herbe aquatique qui, tombante, ressemble à des cheveux verts; de la *Hibbertia dentata* à fleurs jaunes; du *Lierre d'été* (*Delairea odorata*) à fleurs jaune aussi; de la *Crassula lucida*, avec ses fleurs blanc rosé en corymbes paniculés; enfin du *Liseron d'Algérie* (*Convolvulus mauritanicus*), avec ses tiges filiformes et ses fleurs bleues et blanches de si longue durée.

Si maintenant nos lectrices possèdent une serre , nous leur recommanderons d'y faire pousser, en s us-

Fig. 86. — Lobélie du Cap.

pensions ou en paniers en l'air, des *Æschinanthus*, tous plus admirables les uns que les autres, et de les apporter fleuris dans l'appartement. Beaucoup fleurissent en hiver; d'autres en été, et même, en cette saison, ils seront encore un ornement très-enviable, par leurs tiges grêles et pendantes, ornées de bouquets de fleurs éclatantes.

Nous laissons de côté les résultats si aisés qui attendent les personnes aidées par une serre, et revenons aux suspensions, plus modestes, mais non moins gracieuses qui seraient placées sous une vérandah, sous une marquise, dans un passage, et qui par conséquent, sont exposées à la température extérieure et au grand air. Il faut y mettre des plantes spéciales qui aiment l'air et en ont besoin. Tout le monde est possédé, en ce moment, de la manie de soumettre au régime de nos appartements certaines plantes qui n'en peuvent mais, auxquelles la grande lumière et le plein air sont nécessaires; aussi y résistent-elles d'autant moins qu'elles sont plus de notre climat; c'est ainsi que l'*Acanthe* a besoin, pour vivre, du grand air et fait assez vite mauvaise figure dans les appartements. A peine se conserve-t-elle dans une grande antichambre ou au haut d'un escalier dans un espace largement ouvert.

On peut employer, pour les suspensions à l'air libre, la *Pervenche panachée* (*Vinca major var.*) de notre pays, et l'on peut se servir d'une plante plus originale encore, la *Nummulaire* (*Lysimachia nummularia*) de nos marais, que l'on retrouve en grande quantité aux étangs de Chaville, près Paris. Avec des arrosements copieux et répétés, cette plante produit un effet remarquable.

### § 2. — Suspensions sèches.

Au nombre des suspensions sèches, il faut placer, tout d'abord, celles qui peuvent être formées avec des représentants de la nombreuse et intéressante famille des *Cactus*. Les *Crassules*, les *Ficoïdes*, les *Euphorbes,* etc., sont aussi des plantes qu'il ne faut pas négliger et dont les effets ne doivent pas être méconnus.

En première ligne, parmi les cactus que l'on se procure facilement il faut placer les *Opuntias* ou *raquettes ;* les articles plats, ovales, de ces plantes retombent volontiers en dehors des vases, surtout si l'on fait choix d'une variété où ces articles ne soient pas trop grands ; adultes, ils se couvrent de fleurs jaunes, puis de fruits rougeâtres comestibles.

L'*Épiphylle tronquée* (*Epiphyllum truncatum*) est l'un de ceux qui fait le mieux en suspension : ses jolies fleurs rouges sont abondantes : on peut planter au milieu du vase, soit un aloës, soit toute autre plante à épi raide, et les feuilles de l'Épiphylle retomberont autour et en dehors de la manière la plus gracieuse.

Les *Phyllocactus* peuvent produire un aussi joli effet : leurs fleurs sont roses, ou blanches et odorantes comme dans la *Phyllocactus de Hooker*, très-grandes, s'ouvrent le soir et se ferment le matin.

Les *Cierges grêles*, entre autres le *Cactus serpentinus*, font aussi très-bien : fleurs rouge vif : on en connaît un assez grand nombre d'espèces. Les *Cierges chevelus* (*Ptilocereus*) sont également intéressants.

Parmi les Euphorbes à tiges grêles : l'*E. serpentine,*
*E. en fer de scie, E. à grandes dents, E. rhypsaloïde,* etc.

Parmi les *Mesembryanthemum* ou *Ficoïdes :  M. aci-*
*naciforme,  M. spectabile, M. edule,* etc., etc.

## § 3. — Suspensions moyennes.

Ce que nous appelons *suspensions moyennes*, peut
évidemment être varié à l'infini, puisque c'est tout
simplement une association de deux ou plusieurs plantes très-différentes dont la propension naturelle de l'une
d'elle, au moins, doit être de retomber, du vase sus-
pendu, en festons gracieux. Or, le nombre des plantes
qui répondent à ce programme est excessivement
considérable ; soit que, par leur propension naturelle,
les plantes aiment à laisser tomber et pendre leurs
rameaux, soit que leur poids les y entraîne facticement
quand elles sont plantées au bord du vase.

Toutes les plantes stolonifères peuvent donner lieu
à des effets gracieux ou originaux : il y a là beaucoup
à chercher.

Il conviendrait peut-être d'essayer le *Fuchsia pro-*
*cumbens,* un des rares fuchsias néo-zélandais. Ses tiges
sarmenteuses retomberaient en gracieuses girandoles
couvertes de fleurs à calice pourpre et à corolle jaune
orangé. Avec une plante à feuilles érigées un peu
larges, au milieu, l'effet serait charmant.

N'oublions pas, comme succédanés des orchidées,
les *Gesnériacées,* dont les espèces sarmenteuses se pla-

ceront admirablement bien dans les vases suspendus afin que leurs rameaux pendent librement dans l'espace. Certaines espèces, même, et c'est le cas du *Dircæa Blasii*, des *Æschinanthus,* de beaucoup d'autres du même port, ne se montrent dans toute leur beauté qu'à cette condition.

Le *D. Blasii* porte, au bout de ses tiges grêles et pendantes, deux ou trois verticilles de lárges fleurs longuement pédonculées et du plus bel écarlate. De mêmetous les *Eschinanthus,* dont on connaît une quinzaine d'espèces. Parmi eux, citons l'*Æ. longiflora* de Java, *Æ. pulcher, Æ. lobbiana , Æ. speciosa* à tiges et à rameaux sarmenteux retombants terminés par des bouquets splendides de très-longues fleurs de couleur carmin foncé à gorge jaune, maculées de pourpre noir. L'*Æ. speciosa* porte des fleurs jaunes et rouges : il en existe maintenant de superbes variétés.

Toutes ces plantes demandent de la place pour leurs rhizòmes et leurs racines : elles sont épiphytes ; il faut s'en souvenir, et ne pas les laisser sécher. Elles aiment le terreau de vieux saule et l'humidité qu'elles y garderaient toujours dans l'état sauvage. Dès que la floraison est achevée, il faut les laisser presque à sec pendant la saison du repos d'hiver.

Elles auront assez d'une température moyenne de + 8° à + 10°. Qu'on n'oublie pas que ce sont des plantes de forêts chaudes des îles indiennes. Au surplus la culture et la multiplication de ces belles plantes est facile.

## § 4. — Suspensions humides.

Parmi les plantes qu'on peut emprunter dans cette section, à la serre chaude, nous pouvons engager à essayer les *Toremias*. Deux surtout d'entre eux, le *T. Asiatica pulcherrima* et le *scabra* à fleurs bleues, sont remarquables par leurs tiges longues, débiles et décombantes. La première porte une fleur des plus bizarres; les lobes latéraux sont violet noir auprès des supérieurs bleu ; l'inférieur porte une large tache blanche au milieu et se retourne le plus souvent. Veulent de l'humidité.

Les *Sélaginelles acaules* à feuilles retombantes font bien dans les suspensions de salon, mais il faut les y laisser très-peu de temps parce qu'elles s'y flétrissent en peu de jours.

A propos des plantes qui demandent beaucoup d'eau, nous choisirons le *Farfugium grande* avec ses belles feuilles cordiformes vert brillant parsemé de macules jaune clair et le *Ligularia Kæmpferi*, qui, lui, est panaché de blanc. Ce sont deux plantes de marais : donc, il faudra tremper tous les jours, ou au moins tous les deux jours, plantes et suspensions dans l'eau. On aura d'ailleurs, de cette manière, ces plantes beaucoup plus belles que partout ailleurs : n'oublions pas que les limaces en sont tellement friandes qu'on a toutes les peines du monde à s'en défendre, puisqu'elles viennent les attaquer la nuit.

On pourrait encore composer une jolie suspension d'appartement avec le *Begonia Limmingi*, à tiges retombantes et flexueuses, se recouvrant très-abondamment de fleurs couleur d'ocre. Cette plante aime beaucoup l'eau, mais s'en passe bien pendant quelques jours.

A propos de Bégonias, tout comme pour les Azalées, il ne faut jamais les planter dans de la terre de bruyère passée au tamis ; on a retiré de cette terre tout ce qui convient le mieux aux végétaux que nous venons de citer. Il faut les planter dans la terre de bruyère brute, avec ses feuilles à demi décomposées, et ses racines mortes qui la divisent.

Ce système de plantation est le secret de la bonne santé d'une foule de plantes parmi lesquelles nous pouvons encore citer les Orchidées, les Broméliacées et autres analogues; seulement, on laisse ici la terre en mottes juxtaposées et soutenues par des morceaux de mâchefer, de coke, etc., le tout couvert de sphaignes fortement tassées.

# CHAPITRE VIII.



---

## § 1. — Serres-salon.

Il est vraiment malheureux que toutes les maisons
qui servent à la classe aisée, moyenne, de notre na-
tion, surtout à Paris, ne puissent contenir une *serre-
salon*, c'est-à-dire un appendice destiné aux fleurs
et communiquant avec la pièce de réception principale. Ce luxe n'est encore réservé qu'aux fortunes au-
dessus de la moyenne. Il faut évidemment des conditions spéciales pour installer cette amélioration.

C'est qu'il est besoin d'avoir un toit de verre pour
que cette installation vaille quelque chose, et ce toit de
verre est la chose la plus difficile par le temps de
superposition d'étages que nous traversons. Chaque
pays a sa mode.

En France, à Paris surtout, nous nous entassons
les uns au-dessus des autres : dès lors plus de ciel
pour chacun de nous ! En Angleterre, à Londres même,
chacun veut habiter sa maison, tout le monde a son

petit coin de ciel à soi. Dès lors, petit jardin, et possibilité de petite serre-salon!

Quelles jouissances charmantes! quel *Buen retiro* au milieu du jour, au milieu du bruit des conversations, des visites, des murmures!... Quelles ressources pour les soirées, les dîners, les réunions de toute espèce!

Bien mieux, avec des paravents de glaces sans tain, chacun peut se faire un petit coin de causerie, sans cesser d'être en vue et au milieu, pour ainsi dire, de tout le monde.

Faisons des vœux pour que la *serre-salon* devienne au plus tôt le paradis de chacun dans les nouvelles constructions des environs de Paris, bientôt emporté hors de ses murs par les tramways!

## § 2. — Fenêtres-serres.

Cette modification de la double fenêtre est fréquemment en usage dans les pays de l'Europe plus au nord que nous, ou plus froids, par leur position reculée vers l'est. Au lieu de se contenter de l'épaisseur du mur que forment les doubles fenêtres du § 3, on prend un peu plus de largeur en dehors, un mètre par exemple, et l'on soutient sur des arceaux de fer le plancher d'une caisse qui forme une capacité en dehors de la fenêtre. On ferme le tout par un petit plan de verre incliné qui, chez les uns, monte jusqu'en haut de la fenêtre battante et, chez les autres, laisse un tiers de cette fenêtre ou le dernier carreau en dehors. Londres est plein de ces installations; il y a des quartiers où chaque maison a sa fenêtre-serre.

Avec cette disposition, la place est plus considérable que dans la double fenêtre : au lieu de se contenter d'une caisse en bois sur l'épaisseur du mur, on peut adapter un gradin dans la petite serre et, dès lors, y mettre les vases comme dans une serre ordinaire. Pour donner de l'air, on peut soulever plus ou moins tout ou partie du panneau vitré au moyen d'une crémaillère. En somme, cette construction est tout ce qu'il y a de plus simple et produit le plus charmant effet, surtout quand la fenêtre intérieure est ouverte dans l'appartement.

On peut tout élever dans un semblable réduit; cependant nous devons recommander, parmi les plantes rustiques, les *Bruyères du Cap*, les *Daphnés*, *Ericas*, *Cyclames*, *Epacris*, *Primevères de Chine;* les *Camélias*, *Mimosées, Azalées*, etc.; en un mot, très-facilement, toutes les plantes de serre froide, et, avec un peu plus de soins, une bonne partie des végétaux de serre tempérée.

Il est évident que l'orientation des fenêtres-serres dépend, non de la volonté de l'amateur, mais des dispositions mêmes de l'habitation; cette disposition n'est pas sans influence sur le choix des plantes que l'on pourra et devra y mettre et y cultiver. Il faut savoir, en cela comme en beaucoup d'autres choses, *faire contre fortune bon cœur.*

En tous cas, il faudra toujours fournir les ombrages

contre le soleil par un store extérieur : les rayons directs du soleil seraient mortels pour la plupart des fleurs qu'on y cultiverait, surtout plus ou moins étiolées, comme elles le deviennent presque to ours malgré les soins les plus attentifs.

## § 3. — Fenêtres doubles.

Dans la plupart des habitations du nord de notre pays, et du nord de l'Europe, on a l'habitude de garnir les fenêtres de doubles châssis, ce qui maintient à l'intérieur des appartements une température beaucoup plus égale. Les amateurs de fleurs, — et ils sont nombreux dans ces régions, en proportion pour ainsi dire toute naturelle des difficultés plus grandes qu'ailleurs pour obtenir des fleurs tropicales, — en profitent pour transformer ces réduits en petites serres.

L'épaisseur du mur est garni d'une caisse de $0^m,40$ de profondeur, que l'on remplit de terreau gras mélangé de terre de bruyère. C'est là que l'on plante les végétaux dont on veut soigner la culture : on obtient ainsi une véritable jardinière immobile, mais munie de vitrages qui valent au moins autant que les couvercles mobiles en verre plombés.

Dès que la gelée sévit au dehors, il faut prendre garde que les plantes ne touchent au vitrage extérieur : de plus, il est toujours bon, si l'on peut l'installer, et même quoiqu'on soit obligé de le manœuvrer de l'intérieur, de faire placer au dehors un store, une jalousie ou un paillasson tombant devant la fenêtre. Quoi qu'on y mette, cet obstacle brise le vent et maintient un peu plus de chaleur.

En tous cas on ouvre, la nuit, la fenêtre intérieure, et la température de l'appartement profite aux plantes.

On peut demander aux plantes grimpantes l'ornement du tour de la baie et placer au milieu une suspension qui produit le plus charmant effet.

Parmi les plantes grimpantes rustiques que l'on peut cultiver plaçons les *Bignonia capreolata, pandorea, jasminoïdes;* les *Kennedya bimaculata, cordata, latifolia;* la *Clématite* de serre froide, quelques *Passiflores,* des *Fuchsias,* la *Violette* en arbre, etc. (v. ch. V, § 3). Ajoutons les *Capucines tricolores,* à cinq feuilles, *de Lobb,* et les *Thunbergia, Loasa, Maurandia, Calystegia, Ipomæa,* etc.; certains *Cactus, Euphorbes, Crassules, Ficoïdes,* etc., mais loin des verres de fond.

### § 4. — Caisse à la Ward.

Les Anglais ont imaginé de faire servir à la culture dans leurs appartements des fougères, dont ils sont grands amateurs, les caisses à la Ward, inventées par l'un d'eux pour rapporter des plantes délicates des pays d'outre-mer. Ces caisses ont de 9 à 11 décim. de long, 5 de large, 7 à 9 de hauteur. Leur fond ne doit pas poser sur le plancher, mais être élevé de quelques centimètres par les pieds formés par les quadri-

latères des quatre angles. Les deux petits côtés de cette
caisse oblongue, taillés supérieurement en pignon

Fig. 87. — Carludovica palmata.

aigu, supportent deux châssis vitrés formant toit. Les
côtés et le fond sont construits en bois de chêne, de

25 à 30 mill. d'épaisseur, assemblé à rainure. Les châssis vitrés sont divisés par des traverses de 4 à 5 c. de large, éloignées l'une de l'autre de 7 à 8 cent. Ces traverses à rainures reçoivent les verres, qui doivent

Fig. 88. — Colocasia Boryi.

être épais et solides, fixés à recouvrements comme les tuiles d'un toit et bien mastiquées.

Il est évident que l'on peut donner à ces caisses toutes les formes possibles et les adapter à la partie supérieure d'un meuble quelconque : en tout cas elles doivent être vitrées avec soin, puis mastiquées sur les joints et peintes à l'huile extérieurement.

Fig. 89. — Livistona austral.

Pour placer les plantes dans les caisses, on met d'a-
bord une couche de 4 à 5 cent. de terre forte et argi-
leuse assez humectée pour qu'elle s'applique sur le
fond, puis on étend au-dessus une couche de bonne
terre ni trop forte ni trop légère, mêlée de terreau
végétal, ayant de 15 à 20 cent. d'épaisseur ; c'est dans
cette terre qu'on plante avec soin les végétaux à transporter.

Fig. 90. — Maranta zebrina.

Le nombre des plantes contenues dans une caisse
de la grandeur indiquée ci-dessus varie de quinze
à trente suivant leur dimension.

Les plantes qu'on peut le mieux y faire vivre sont
des *Fougères* surtout ; des *Lycopodes;* les *Dracæna ;* les
*Caladium bicolor, Houlletii* et *subrotundum ;* les *Aphe-*

*landra Leopoldi*, les *Anthurium acaules, crassifolium*

Fig. 91. — Stromanthe écarlate.

et *cordatum* ; les *Chamædorea scandens, Schiedeama* et

*elegans;* les *Chamærops excelsa;* les *Carludovica* (fig. 87), *subacaulis* et *latifolia;* les *Colocasia odorata* et *metallica* (fig. 88); les *Codium pictum* et *variegatum ;* les *Eranthemum albinervium;* les *Ficus elastica* et *religiosa;* les *Livistona sinensis* (fig. 89); les *Maranta eximia* et *zebrina* (fig. 90); les *Piper nigrum* et *bétel;* les *Phœnix daclylifera;* les *Sonerilla margaritacea* et les *Stromanthe sanguinea* (fig. 91).

Nous avons bien des fois dans ce petit manuel préconisé l'admirable effet produit par les *Fougères* que l'on peut établir chez soi. Nous avons donné des conseils pour cela, chap. VI, §3 ; aujourd'hui nous croyons rendre un vrai service aux dames amies de ces plantes, en leur donnant certains noms des soixante et quelques fougères, herbacées, indigènes en Europe. Il y a amplement là de quoi satisfaire tous leurs désirs.

Nous les diviserons, d'après MM. Decaisne et Naudin, en deux grandes sections : les *Némorales,* venant sous les bois ; les *Rupicoles,* habitant les rochers.

### FOUGÈRES NÉMORALES.

*Osmonde royale (Osmunda regalis);* **Fougère aquiline** (*Pteris aquilina*), **Fougère mâle** (*Aspidium felix mas*), **Fougère femelle** (*A. f. fæmina*); **A. aculeatum, A. oreapteris, A. thelypteris, A. molle, A. cristatum, A. rigidum, A. spinulosum;** *Onoclée de l'Amérique du Nord* (*Onoclea sensibilis*).

*Aspidium conchitis, A. fragile, A. regium, A. fontanum, A. aspinum, A. montanum, A. Halleri, A. rigidum; Polypodium vulgare, P. hyperboreum; P. phegopteris, P. dryopteris; Asplenium septentrionale, A. trichomanes, A. viride, A. petrarchæ, A. ruta muraria, A. germanicum, A. lanceolatum, A. marinum, A. adiantum nigrum; Ceterach officinarum, C. marantæ; Woodsia hyperborea, W. ilvensis; Cteris cretica, C. crispa; Fougère pectinée (Blechnum boreale) (Osmunda spicans); Adiante chevelure de Vénus (Adiantum capillus Veneris); Scolopendrum officinarum, S. hemionitis; Trichomanes radicans; Hymenophillum tunbridgense, H. Wilsoni; Ophioglossum vulgatum; Bothrychum lunaria, etc., etc., etc.*

## § 5. — Étagères.

L'*étagère* constitue la plus parcimonieuse admission des plantes dans les appartements. Il faut placer ces meubles le plus près possible des fenêtres, loin du foyer de chauffage de l'appartement. Si l'on veut être un peu soigneux à leur égard, il faudra prendre soin de les transporter dans une autre pièce pendant le balayage et l'époussetage, afin d'éviter la poussière sur les feuilles. On profitera de ces mouvements pour bassiner et arroser.

Pour tous ces soins, nous recommandons généralement les étagères à roulettes; elles sont beaucoup plus commodes.

# CHAPITRE IX.

## CALENDRIERS HORTICOLES.

---

§ 1. — Balcons, terrasses et fenêtres.

Janvier.

Février. *Hépatique.*

Mars. *Cinéraires, Crocus, Jacinthes.*

Avril. *Laurier-tin, Lilas, Tulipe, Acanthe.*

Mai. *Diosma, Pensées, Rosier du Bengale, Violette, Fabiana, Pivoine en arbre.*

Juin. *Chorozema, Héliotrope, Rhododendron, Fuchsias, Geranium pelargonium, Kalmia, Verveine, Convolvulus, Acroclinium, Adonis, Ageratum à fleurs roses.*

Juillet. *Jasmin, Achimenes, Aster, Lantana, Achillée filipendule, A. rose, A. ptarmica, Achyranthès, Agrostemma.*

Août. *Hydrangea, Tubéreuse bleue, Aloës, Alonzoa.*

Septembre. *Chrysanthèmes diverses.*

Octobre. *Hortensias.*

Novembre.

Décembre.

## § 2. — Appartements.

Janvier. *Primevère de la Chine.*

Février. *Azalées diverses, Mégasea.*

Mars. *Cyclamen, Justicia.*

Avril. *Bruyère du Cap, Épacris, Mimosa, Pimelea, Calcéolaires.*

Mai. *Daphnés, Thlaspi vivace, Tillandsia, Volkameria, Veronica, Abutilon.*

Juin. *Cistus, Crinum, Myoporum, Pancratium, Polygala.*

Juillet. *Metrosideros, Gardenia, Chironia, Hibiscus, Ixora, Sollya, Steria.*

Août. *Crassula, Gloxinia.*

Septembre.

Octobre.

Novembre.

Décembre. *Camélias.*

# CHAPITRE X.

APPLICATIONS DIVERSES.

---

## Violette double grimpante.

L'on rencontre assez souvent des jardinières pourvues d'un grillage en éventail que l'on garnit de plantes grimpantes. Une des plus belles et sans contredit des plus originales est la *Violette double grimpante*.

Cette espèce de violette s'obtient assez facilement, en observant quelques soins généraux à lui donner.

La violette double émet tous les ans des stolons analogues à ceux du fraisier : on prend ces coulants, et on les dispose de manière qu'ils puissent s'attacher au bas du treillage. Ceux qui ne servent pas doivent être supprimés. Ainsi arrangés, les coulants conservés se terminent par des touffes qui se mettent à fleurir abondamment. Après la floraison, il sort d'autres coulants que l'on a soin de nouer comme les premiers sur les treillages, en les étalant pour qu'ils n'envahissent pas l'espace réservé aux autres plantes grimpantes.

Si vous avez la patience, aimables lectrices, de continuer ces soins d'horticulture, vous arriverez en quelques années à rendre ligneux des coulants déjà habitués à être relevés et palissés.

Tous les ans, de la fin de l'hiver au commencement du printemps, votre violette double grimpante vous fournira presque constamment — dans votre appartement, sur votre jardinière — des fleurs doubles qui ne vous coûteront que le plaisir de les cueillir.

FIN.

# TABLE DES NOMS DE PLANTES

## CITÉS DANS CE VOLUME.

FIN DE LA TABLE DES NOMS.

# TABLE DES FIGURES.

**FIN DE LA TABLE DES FIGURES**

# TABLE DES MATIÈRES.

FIN DE LA TABLE DES MATIÈRES.